歷代家訓

廣陵書社 編

廣陵書社
中國·揚州

圖書在版編目（CIP）數據

歷代家訓 / 廣陵書社編. -- 揚州 : 廣陵書社,
2023.3
（國學經典叢書）
ISBN 978-7-5554-2060-6

Ⅰ. ①歷… Ⅱ. ①廣… Ⅲ. ①家庭道德－中國－古代
Ⅳ. ①B823.1

中國國家版本館CIP數據核字(2023)第020876號

書　　名　歷代家訓
編　　者　廣陵書社
責任編輯　王　丹
出 版 人　曾學文
裝幀設計　鴻儒文軒

出版發行　廣陵書社
揚州市四望亭路 2-4 號　　郵編：225001
（0514）85228081（總編辦）　85228088（發行部）
http://www.yzglpub.com　　E-mail：yzglss@163.com
印　　刷　三河市華東印刷有限公司

開　　本　880 毫米 ×1230 毫米　1/32
印　　張　7.125
字　　數　77 千字
版　　次　2023 年 3 月第 1 版
印　　次　2023 年 3 月第 1 次印刷
標準書號　ISBN 978-7-5554-2060-6
定　　價　48.00 圓

編輯説明

自上世紀九十年代始，我社陸續編輯出版一套綫裝本中華傳統文化普及讀物，名爲《文華叢書》。編者孜孜矻矻，兀兀窮年，歷經二十載，聚爲上百種，集腋成裘，蔚爲可觀。叢書以内容經典、形式古雅、編校精審，深受讀者歡迎，不少品種已不斷重印，常銷常新。

國學經典，百讀不厭，其中藴含的生活情趣、生命哲理、人生智慧，以及家國情懷、歷史經驗、宇宙真諦，令人回味無窮，啓迪至深。爲了方便讀者閲讀國學原典，更廣泛地普及傳統文化，特于《文華叢書》基礎上，重加編輯，推出《國學經典叢書》。

本叢書甄選國學之基本典籍，萃精華于一編。以内容言，所選均爲家喻户曉的經典名著，涵蓋經史子集，包羅詩詞文賦、小品蒙書，琳琅滿目；以篇幅言，每種規模不大，或數種彙于一書，便于誦讀；以形式言，採用傳統版式，字大文簡，讀來令人賞心悦目；以編輯言，力求精擇良善版本，細加校勘，注重精讀原文，偶作簡明小注，或酌配古典版畫，體現編輯的匠心。

當下國學典籍的出版方興未艾，品質參差不齊。希望這套我社經年打造的品牌叢書，能爲讀者朋友閲讀經典提供真正的精善讀本。

廣陵書社編輯部

二〇二三年三月

出版説明

家訓主要是指父母對子女後輩的教導訓示，也包括一些夫妻間的囑告、兄弟間的勸勉等，涉及到立志、勤學、禮讓、節儉、寬厚等許多方面的内容，是以儒家爲主的傳統文化在民間的體現，包含了豐厚的人生哲學和智慧。

家庭教育在人的一生中影響重大且深遠，作爲人生第一位老師的父母，最基礎，也是最重要的就是要指明如何做人、如何立于世間的方向。可以看到，無論朝代如何更替，歷史如何變遷，也無論社會地位的不同抑或個人性情的差异，孝順仁愛、寬厚禮讓，是父母教導給子女永恒的處世守則。相對于留給子孫後代錢財家業，他們更傾向于傳承良好的品德和灌輸正確的價值觀。具體説來，這些家訓在處理人際關係方面，告誡子女應和待鄉曲、審擇交游、謹言慎行等；在治家齊家上，强調父慈子孝、兄友弟恭、勤儉忠厚等；在個人修養上，則側重勵志勉學、勿貪勿奢、報國恤民等。這些滲透着儒家文化精髓的、歷史與人生的積累和歷練，無疑在今天也具有重要的現實意義。做謙恭有禮之人，組睦親興旺之家，建和諧隆昌之邦，是先賢的理想，也是我們今天的願望。

我們期盼越來越多的讀者能瞭解、吸收、弘揚這些優秀的文化養分，特選編本書，共收録了自先秦至清末的近百篇文字，以時代先後爲序編排，除正文外還包括簡單的作者介紹及注釋，以期方便閲讀鑒賞。

廣陵書社編輯部

二〇二三年三月

目録

南北朝

唐

宋

先秦

敬姜

簡介 本篇選自《國語·魯語下》。敬姜是春秋时期魯國大夫公文伯的母親，是一位社會地位很高的貴婦人。她以親自紡織告誡兒子，人必須從事勞動，或勞心、或勞力，這是齊家甚至治國的基礎，勤勉國興，逸樂國敗。

論勞逸

公父文伯退朝，朝其母，其母方績。文伯曰：『以歜之家，而主猶績，懼干季孫之怒也，其以歜爲不能事主乎！』

其母嘆曰：『魯其亡乎！使僮子備官而未之聞邪？居，吾語女。昔聖王之處民也，擇瘠土而處之，勞其民而用之，故長王天下。夫民勞則思，思則善心生；逸則淫，淫則忘善，忘善則惡心生。沃土之民不材，淫也；瘠土之民莫不嚮義，勞也。是故天子大采朝日，與三公、九卿祖識地德；日中考政，與百官之政事，師尹惟旅、牧、相宣序民事；少采夕月，與太史、司載糾虔天刑；日入監九御，使潔奉禘、郊之粢盛，而後即安。諸侯朝修天子之業命，晝考其國職，夕省其典刑，夜儆百工，使無慆淫，而後即安。卿大夫朝考其職，晝講其庶政，夕序其業，夜庀其家事，而後即安。士朝受業，晝而講貫，夕而習復，夜而計過無憾，而後即安。自庶人以下，明而動，晦而休，無日以怠。王后親織玄紞，公侯之夫人加之以紘、綖，卿之內子爲大帶，命婦成祭服，列士之妻加之以朝服，自庶士以下，皆衣其夫。社〔一〕而賦事，烝而獻功，男女效績，愆則有辟〔二〕，古之制也。
君子勞心，小人勞力，先王之訓也。自上以下，誰敢淫心舍力？
『今我寡也，爾又在下位，朝夕處事，猶恐忘先人之業。況有怠惰，其何以避辟！吾冀而朝夕修我曰：「必無廢先人。」爾今曰：「胡不自安。」以是承君之官，余懼穆伯之絶祀也。』
仲尼聞之曰：『弟子志之，季氏之婦不淫矣。』

【注释】

〔一〕社：古代有春社、秋社，爲祭神之日。

〔二〕愆：罪過，過失。辟：避免。

劉邦

簡介 劉邦（前二五六—前一九五），沛縣人。西漢王朝開國皇帝。本文選自《全漢文》，劉邦告誡兒子（漢惠帝）讀書對于治理天下是十分重要的，并要認真學習書法、禮貌待人。

手敕太子（節選）

吾遭亂世，當秦禁學。自喜，謂讀書無益。洎踐祚〔一〕以來，時方省書，乃使人知作者之意，追思昔所行，多不是。

吾生不學書，但讀書問字而遂知耳。以此故不大工，然亦足自辭解。

今視汝書，猶不如吾。汝可勤學習，每上疏宜自書，勿使人也。

汝見蕭、曹、張、陳〔二〕諸公侯，吾同時人，倍年於汝者，皆拜，并語于汝諸弟。

【注释】

〔一〕洎（音計）：及，到。踐祚：稱帝。

〔二〕蕭、曹、張、陳：蕭指蕭何，曹指曹參，張爲張良，陳即陳平。

興學讀書

劉向

簡介 劉向（約前七七—前六），原名更生，字子政，沛縣人。西漢經學家、目録學家、文學家。他根據戰國史書整理編輯了《戰國策》。本文選自《全漢文》。劉向告誡兒子刘歆應當有憂患意識，做事要勤謹認真，方能有所成就。

誡子歆書

告歆無忽[一]，若未有异德，蒙恩甚厚，將何以報。董生有云：『吊者在門，賀者在閭。』[二]言有憂則恐懼敬事，敬事則必有善功，而福至也。又曰：『賀者在門，吊者在閭。』言受福則驕奢，驕奢則禍至，故吊隨而來。齊頃公之始，藉霸者之餘威，輕侮諸侯，虧跂蹇[三]之容，故被鞍之禍，遁服而亡，所謂『賀者在門，吊者在閭』也。兵敗師破，人皆吊之，恐懼自新，百姓愛之，諸侯皆歸其所奪邑，所謂『吊者在門，賀者在閭』。今若年少，得黄門侍郎，要顯處也。新拜皆謝貴人叩頭，謹戰戰慄慄，乃可必免。

【注释】

〔一〕無忽：不可疏忽大意。

〔二〕吊：祭奠死者或對不幸者給予慰問。賀：祝賀。門：家門。閭：里巷。『吊者在門，賀者在閭』即吊喪的人在門口，賀喜的人也在里巷了，意謂常有憂慮之心，做事謹慎小心，必然會取得好的結果。『賀者在門，吊者在閭』則反之。

〔三〕跂（音崎）：多生出的脚趾。蹇（音簡）：跛脚。

馬援

簡介　馬援（前一四—四九），字文淵，東漢扶風人。曾任隴西太守、伏波將軍，軍功甚著。本文選自《後漢書·馬援傳》，是馬援在征途中寫給侄子的信，勸誡他們謹慎言行，不要妄議時政、評論他人。

誡兄子嚴、敦書

吾欲汝曹聞人過失，如聞父母之名，耳可得聞，口不可得言也。好論議人長短，妄是非正法，此吾所大惡也，寧死不願聞子孫有此行也。汝曹知吾惡之甚矣，所以復言者，施衿結褵〔一〕，申父母之戒，欲使汝曹不忘之耳。

龍伯高敦厚周慎，口無擇言，謙約節儉，廉公有威，吾愛之重之，願汝曹效之。杜季良豪俠好義，憂人之憂，樂人之樂，清濁無所失，父喪致客，數郡畢至，吾愛之重之，不願汝曹效也。效伯高不得，猶爲謹敕之士，所謂『刻鵠不成尚類鶩』者也；效季良不得，陷爲天下輕薄子，所謂『畫虎不成反類狗』者也。訖今季良尚未可知，郡將下車輒切齒，州郡以爲言，吾常爲寒心，是以不願子孫效也。

【注释】

〔一〕衿：衣襟。縭：佩巾。本句意謂子女成婚前父母爲其整理衣巾，告誡爲人做事道理。

崔瑗

簡介 崔瑗（七七—一四二），字子玉，安平人。東漢文學家、書法家。崔駰之子。此篇選自《全後漢文》，是作者用以勉勵自己、鞭策自己、約束自己行爲的格言，也可以看作是對子弟的訓誡。

座右銘

無道人之短，無説己之長。施人慎勿念，受施慎勿忘。世譽不足慕，唯仁爲紀綱。隱身而後動，謗議庸何傷。無使名過實，守愚聖所臧。柔弱生之徒，老氏誡剛强。在涅貴不緇，曖曖内含光。硜硜鄙夫介，悠悠故難量。慎言節飲食，知足勝不祥。行之苟有恒，久久自芬芳。

張奐

簡介 張奐（一〇四—一八一），字然明，敦煌人。東漢著名軍事將領。桓帝康壽元年（一五五），大破南匈奴，維護了人民的安定和平。長子張芝，善于書法，以草書爲最，世人謂『草聖』。張芝弟張昶，也善草書，與張芝齊名。本文選自《藝文類聚》。張奐的侄子張仲祉，憑仗叔父的名望，盛氣淩人，張奐告誡他要處事謙恭，有錯必改。

誡兄子書

汝曹薄祐〔一〕，早失賢父。財單藝盡，今適喘息。聞仲祉輕傲耆老，侮狎同年，極口恣意。當崇長幼，以禮自持。聞燉煌有人來，同聲相道，皆稱叔時寬仁，聞之喜而且悲——喜叔時得美稱，悲汝得惡論。經言：孔于鄉黨，恂恂如也。恂恂者，恭謙之貌也。經難知，且自以汝資父爲師；汝父寧輕鄉里耶？年少多失，改之爲貴，蘧伯玉年五十，見四十九年非，但能改之。不可不思吾言，不自克責，反云『張甲謗我，李乙怨我，我無是過』，爾亦已矣！

【注释】

〔一〕薄祐：少福。指早年喪父，少享受了許多福份。

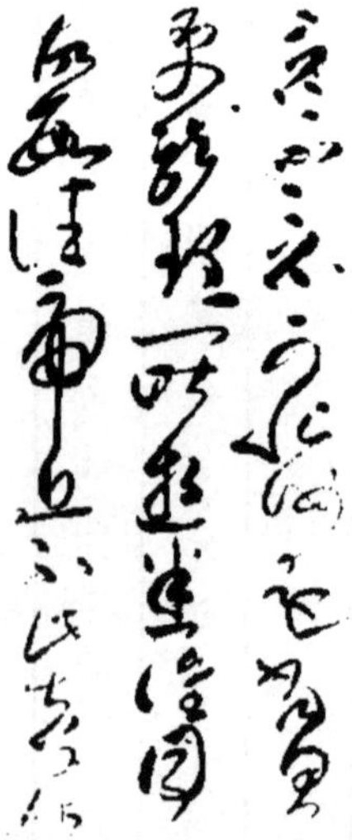

張奐長子張芝草書書法

鄭玄

簡介 鄭玄（一二七—二〇〇），字康成，高密人。東漢著名經學家、教育家和語言學家。本文選自《後漢書·鄭玄傳》，是鄭玄于病重時期對兒子的鄭重告誡。文中自述生平與心志，也是對其子的囑咐與忠告。

戒子益恩書

玄後嘗疾篤，自慮，以書戒子益恩曰：『吾家舊貧，不爲父母昆弟所容，去厮役之吏，游學周秦之都，往來幽、并、兖、豫之域，獲覲乎在位通人，處逸大儒，得意者咸從捧手，有所授焉。遂博稽六藝，粗覽傳記，時睹秘書緯術之奥。年過四十，乃歸供養，假田播殖，以娱朝夕。遇閹尹擅勢，坐黨禁錮，十有四年，而蒙赦令，舉賢良方正有道，辟大將軍三司府。公車再召，比牒并名，早爲宰相。惟彼數公，懿德大雅，克堪王臣，故宜式序。吾自忖度，無任於此，但念述先聖之元意，思整百家之不齊，亦庶幾以竭吾才，故聞命罔從。而黃巾爲害，萍浮南北，復歸邦鄉。入此歲來，已七十矣。宿素衰落，仍有失誤；案之禮典，便合傳家。今我告爾以老，歸爾以事；將閑居以安

《孝經》之作

性，覃思以終業。自非拜國君之命，問族親之憂，展敬墳墓，觀省野物，胡嘗扶杖出門乎！家事大小，汝一承之。咨爾煢煢一夫，曾無同生相依。其勖求君子之道，研鑽勿替，敬慎威儀，以近有德。顯譽成於僚友，德行立於己志。若致聲稱，亦有榮於所生，可不深念邪！可不深念邪！

吾雖無紱冕[一]之緒，頗有讓爵之高；自樂以論贊之功[二]，庶不遺後人之羞。末所憤憤者，徒以亡親墳壟未成，所好群書，率皆腐敝，不得于禮堂寫定，傳與其人。日西方暮，其可圖乎！家今差多於昔，勤力務時，無恤飢寒。菲飲食，薄衣服，節夫二者，尚令吾寡恨。若忽忘不識，亦已焉哉！』

【注释】

〔一〕紱（音服）冕：古代卿大夫的禮服禮帽，比喻官位。

〔二〕論贊之功：指學術方面的成就。

蔡邕

簡介 蔡邕（一三二—一九二），字伯喈，東漢陳留人。善辭章，精音樂，工書畫。本文選自嚴可均校編《全漢文》，講述修容與養性之間的聯繫，時至今日仍有一定的現實意義。

女訓

夫心，猶首面也，是以甚致飾焉。面一旦不修飾，則塵垢穢之；

蔡邕之女蔡文姬像

心一朝不思善，則邪惡入之。人咸知飾其面，而莫修其心，惑矣。夫面之不飾，愚者謂之醜；心之不修，賢者謂之惡。愚者謂之醜，猶可；賢者謂之惡，將何容焉？故覽照拭面，則思其心之潔也，傅脂則思其心之和也，加粉則思其心之鮮[一]也，澤髮則思其心之順也，用櫛[二]則思其心之理也，立髻則思其心之正也，攝鬢則思其心之整也。

【注释】

〔一〕鮮：嘉善，美好。

〔二〕櫛（音治）：梳子。

三國

曹操

簡介　曹操（一五五—二二〇），字孟德，沛國譙郡人。三國時期著名政治家、軍事家、詩人。魏國的奠基人和主要締造者，生前未稱帝，死後被追尊爲魏武帝。以下兩篇分別選自《全三國文》《魏武帝集》。《誡子植》表達了作者對于兒子，也是自己事業接班人的殷殷期盼。《諸兒令》則體現了曹操不徇私情，唯才是舉。

誡子植

吾昔爲頓丘令，年二十三。思此時所行，無愧于今。今汝年二十三

唯才是舉

矣，可不勉歟！

諸兒令

今壽春、漢中、長安，先欲使〔一〕一兒各往督領之，欲擇慈孝不違吾令，兒亦未知用誰也。雖兒小時見愛，而長大能善〔二〕，必用之。吾非有二言也，不但不私臣吏，兒子亦不欲有所私。

【注释】〔一〕使：派遣。

〔二〕善：德才兼備。

劉備

簡介 劉備（一六二—二二三），字玄德，涿縣人。三國時期蜀漢政權建立者。本文爲裴松之《三國志注》録存，是劉備給其子劉禪的臨終遺詔，教育劉禪以德服人和讀書增長才幹。

遺詔敕後主

朕初疾，但下痢耳。後轉雜他病，殆不自濟。人五十不稱夭，年已

讀書圖

諸葛亮

簡介 諸葛亮（一八一—二三四），字孔明，陽都人。三國蜀漢政權重要領導人，輔佐劉備與魏、吳兩國成鼎足之勢。以下兩篇選自《全三國文》。《誡子書》不足百字，諸葛亮對兒子談到了修身、明志、儉約等人生重大問題。《戒外甥書》則告誡後輩要從小樹立遠大志向，有一個明確的目標，纔能成就大功業。

誡子

夫君子之行，靜以修身，儉以養德。非澹泊無以明志，非寧靜無以致遠。夫學須靜也，才須學也。非學無以廣才，非志無以成學。慆慢則不能勵精，險躁則不能治性。年與時馳，意與歲去，遂成枯落，多不接世。悲

六十有餘，何所復恨？不復自傷，但以卿兄弟爲念。射君[一]到，説丞相歎卿智量，甚大增修，過於所望。審[二]能如此，吾復何憂！勉之勉之！勿以惡小而爲之，勿以善小而不爲。惟賢惟德，能服於人。汝父德薄，勿效之。可讀《漢書》《禮記》，閑暇歷觀諸子及《六韜》《商君書》，益人意智。聞丞相爲寫《申》《韓》《管子》《六韜》一通已畢，未送道亡，可自更求聞達。

【注釋】

〔一〕射君：即射人，朝廷中司掌禮儀的官名之一。

〔二〕審：確實。

守窮廬，將復何及！

誡外生

夫志當存高遠，慕先賢，絶情欲，弃疑滯。使庶幾之志揭然〔一〕有所存，惻然〔二〕有所感。忍屈伸，去細碎，廣咨問，除嫌吝，雖有淹留，何損于美趣，何患于不濟？若志不强毅，意氣不慷慨，徒碌碌滯于俗，默默束于情，永竄伏于凡庸，不免于下流矣。

【注释】

〔一〕揭然：顯露。

〔二〕惻然：獨特。

晋

嵇康

簡介 嵇康（二二四—二六三），字叔夜，譙郡人。工詩文，精樂理，尚老莊，竹林七賢之一。官至中散大夫。本文選自《嵇中散集》，文中嵇康告誡子孫，一要志存高遠，二要處世謹慎。

家誡（節選）

人無志，非人也。但君子用心，所欲準行，自當。量其善者，必擬議而後動。若志之所之，則口與心誓，守死無二。恥躬不逮，期於必濟。若心疲體懈，或牽於外物，或累於內欲，不堪近患，不忍小情，則議於去就。議於去就，則二心交争。二心交争，則向所見役之情勝矣。或有中道而廢，或有不成一簣而敗。以之守則不固，以之攻則怯弱。與之誓則多違，與之謀則善泄。臨樂則肆情，處逸則極意。故雖繁華熠熠，無結秀之勛，終年之勤，無一旦之功。斯君子所以歎息也。……

凡行事先自審其可，不差於宜，宜行此事，而人欲易之，當説宜易之理。……不須行小小束脩之意氣，若見窮乏而有可以賑濟者，便見義而作。若人從我欲有所求，先自思省，若有所損廢多，於今日所濟之義少，則當權其輕重而拒之，雖復守辱不已，猶當絶之。然大率人之告求，皆彼無我有，故來求我，此爲與之多也。自不如此，而爲輕竭。不忍面言，强副小情，未爲有志也。

夫言語，君子之機，機動物應，則是非之行著矣，故不可不慎。若於意不善了，而本意欲言，則當懼有不了之失，且權忍之。後視向不言此事，無他不可，則向言或有不可，然則能不言，全得其可矣。……

外榮華則少欲，自非至急，終無求欲，上美也。不須作小小卑恭，當大謙裕；不須作小小廉耻，當全大讓。若臨朝讓官，臨義讓生，若孔文舉求代兄死，此忠臣烈士之節。凡人自有公私，慎勿强知人知。彼知我知之，則有忌於我。今知而不言，則便是不知矣。若見竊語私議，便舍起，勿使忌人也。或時逼迫强與我共説，若其言邪險，則當正色以道義正之，何者？君子不容偽薄之言故也。……

匹帛之饋，車服之贈，當深絶之。何者？常人皆薄義而重利，今以自竭者，必有爲而作鬻，貨徼歡施而求報，其俗人之所甘願，而君子之所大惡也。……

羊祜

簡介 羊祜（二二一—二七八），字叔子，青州泰山人。西晋著名將領，鎮守荆州十年，頗有政績。羊祜出身魏晋名門望族，上溯九世，各代皆有人出仕二千石以上的官職，并且都以清廉有德著稱。正因爲這樣的家族名望，使得他自律甚嚴，進而對子女的要求也十分嚴格。本文選自《全晋文》。

誡子書

吾少受先君之教，能言之年，便召以典文。年九歲，便誨以《詩》《書》。然尚猶無鄉人之稱，無清异之名。今之職位，謬恩之加耳，非吾力所能致也，吾不如先君遠矣。汝等復不如吾，諮度弘偉，恐汝兄弟未之能

整肅家風

也；奇异獨達，察汝等將無分也。恭爲德首，慎爲行基，願汝等言則忠信，行則篤敬，無口許人以財，無傳不經之談，無聽毀譽之語。聞人之過，耳可得受，口不得宣，思而後動。若言行無信，身受大謗，自入刑論，豈復惜汝？耻及祖考。思乃父言，纂〔一〕乃父教，各諷誦之。

【注释】

〔一〕纂：通『纘』，繼承。

陶淵明

簡介 陶淵明（三六五—四二七），一名潛，字元亮，晉潯陽人。我國古代著名詩人，曾任彭澤令，不久歸隱，詩酒自娱。本文選自《陶淵明集》，是一封娓娓道來的家信，从中可以感受到詩人面對生死和清貧的達觀與坦然。

與子儼等疏

告儼、俟、份、佚、佟：天地賦命，生必有死。自古聖賢，誰獨能免。子夏有言曰：『死生有命，富貴在天。』四友[一]之人，親受音旨。發斯談者，將非窮達不可妄求，壽夭永無外請故耶？

吾年過五十，少而窮苦，每以家弊，東西游走。性剛才拙，與物多忤。

自量爲己，必貽俗患。僶俛辭世，使汝等幼而飢寒。余嘗感孺仲賢妻之言，敗絮自擁，何慚兒子？此既一事矣。

但恨鄰靡二仲，室無萊婦，抱兹苦心，良獨内愧。少學琴書，偶愛閑靜，開卷有得，便欣然忘食。見樹木交蔭，時鳥變聲，亦復歡然有喜。嘗言：五六月中，北窗下卧，遇涼風暫至，自謂是羲皇上人。意淺識罕，謂斯言可保。日月遂往，機巧好

夫妻相敬

疏。緬求在昔，眇然如何。

疾患以來，漸就衰損。親舊不遺，每以藥石見救，自恐大分將有限也。汝輩稚小家貧，每役柴水之勞，何時可免？念之在心，若何可言。然汝等雖不同生〔二〕，當思四海皆兄弟之義。鮑叔、管仲，分財無猜；歸生、伍舉，班荆道舊。遂能以敗爲成，因喪立功。他人尚爾，况同父之人哉！潁川韓元長，漢末名士。身处卿佐，八十而終。兄弟同居，至於没齒。濟北氾稚春，晋時操行人也。七世同財，家人無怨色。《詩》曰：『高山仰止，景行行止。』雖不能爾，至心尚之。汝其慎哉！吾復何言。

【注释】

〔一〕四友：指孔子的四位弟子——顔回、子貢、子路、子長。

〔二〕不同生：不是一母所生。

顏之推

簡介 顏之推（五三一—五九一），字介，琅琊臨沂人。身歷四朝，官至隋學士。《顏氏家訓》爲我國最早的家訓類著作，内容豐富，影響深遠。現節選數段，講述教育子女、兄弟關係、讀書治家等多方面的道理。

顏氏家訓（節選）

序致第一（節選）

夫聖賢之書，教人誠孝，慎言檢迹，立身揚名，亦已備矣。魏、晋已來，所著諸子，理重事複，遞相模斅，猶屋下架屋，床上施床耳。吾今所以復爲此者，非敢軌物範世也，業以整齊門內，提撕子孫。夫同言而信，信其所親；同命而行，行其所服。禁童子之暴謔，則師友之誡，不如傅婢之指揮；止凡人之鬥鬩〔一〕，則堯舜之道，不如寡妻之誨諭。吾望此書爲汝曹之所信，猶賢于傅婢寡妻耳。

吾家風教，素爲整密。昔在齠齔〔二〕，便蒙誘誨；每從兩兄，曉夕溫清，規行矩步，安辭定色，鏘鏘翼翼，若朝嚴君〔三〕焉。賜以優言，問所好尚，勵短引長，莫不懇篤。

【注释】

〔一〕鬥鬩（音細）：兄弟爭執。〔二〕齠齔：童年。〔三〕嚴君：父親。

教子第二（節選）

上智不教而成，下愚雖教無益，中庸之人，不教不知也。古者，聖王有胎教之法：懷子三月，出居別宮，目不邪視，耳不妄聽，音聲滋味，以禮節之。書之玉版，藏諸金匱。子生咳㖷，師保固明孝仁禮義，導習之矣。凡庶縱不能爾，當及嬰稚，識人顔色，知人喜怒，便加教誨，使爲則爲，使止則止。比及數歲，可省笞罰。父母威嚴而有慈，則子女畏慎而生孝矣。吾見世間，無教而有愛，每不能然；飲食運爲，恣其所欲，宜誡翻奬，應訶反笑，至有識知，謂法當爾。驕慢已習，方復制之，捶撻至死而無威，忿怒日隆而增怨，逮于成長，終爲敗德。孔子云『少成若天性，習慣如自然』是也。俗諺曰：『教婦初來，教兒嬰孩。』誠哉斯語！

凡人不能教子女者，亦非欲陷其罪惡；但重於訶怒，傷其顔色，不忍楚撻慘其肌膚耳。當以疾病爲諭，安得不用湯藥針艾救之哉？又宜思勤督訓者，可願苛虐於骨肉乎？誠不得已也。

父子之嚴，不可以狎；骨肉之愛，不可以簡。簡則慈孝不接，狎則怠慢生焉。由命士以上，父子异宫，此不狎之道也；抑搔癢痛，懸衾篋枕，此不簡之教也。或問曰：『陳亢喜聞君子之遠其子，何謂也？』對曰：『有是也。蓋君子之不親教其子也，《詩》有諷刺之辭，《禮》有嫌疑之誡，《書》有悖亂之事，《春秋》有邪僻之譏，《易》有備物之象，皆非父子之可通言，故不親授耳。』

人之愛子，罕亦能均；自古及今，此弊多矣。賢俊者自可賞愛，頑魯者亦當矜憐，有偏寵者，雖欲以厚之，更所以禍之。共叔之死，母實爲之。趙王之戮，父實使之。劉表之傾宗覆族，袁紹之地裂兵亡，可爲靈龜明鑒也。

治家第五(節選)

夫風化者，自上而行於下者也，自先而施於後者也。是以父不慈則子不孝，兄不友則弟不恭，夫不義則婦不順矣。父慈而子逆，兄友而弟傲，夫義而婦陵，則天之凶民，乃刑戮之所攝，非訓導之所移也。

孔子曰：『奢則不孫，儉則固；與其不孫也，寧固。』又云：『如有周公之才之美，使驕且吝，其餘不足觀也已。』然則可儉而不可吝也。儉者，省約爲禮之謂也；吝者，窮急不恤之謂也。今有施則奢，儉則吝；如能施而不奢，儉而不吝，可矣。

生民之本，要當稼穡而食，桑麻以衣。蔬果之蓄，園場之所產；鷄豚之善，塒圈之所生。爰及棟宇器械，樵蘇脂燭，莫非種殖之物也。至能守其業者，閉門而爲生之具以足，但家無鹽井耳。今北土風俗，率能躬儉節用，以贍衣食；江南奢侈，多不逮焉。

勉學第八（節選）

自古明王聖帝，猶須勤學，況凡庶乎！此事遍於經史，吾亦不能鄭重，聊舉近世切要，以啓寤汝耳。士大夫子弟，數歲已上，莫不被教，多者或至《禮》《傳》，少者不失《詩》《論》。及至冠婚，體性稍定；因此天機，倍須訓誘。有志尚者，遂能磨礪，以就素業；無履立者，自茲墮慢，便爲凡人。人生在世，會當有業：農民則計量耕稼，商賈則討論貨賄，工巧則致精器用，伎藝則沈思法術，武夫則慣習弓馬，文士則講議經書。多見士大夫耻涉農商，差務工伎，射則不能穿札，筆則纔記姓名，飽食醉酒，忽忽無事，以此銷日，以此終年。或因家世餘緒，得一階半級，便自爲足，全忘修學；及有吉凶大事，議論得失，蒙然張口，如坐雲霧；公私宴集，談古賦詩，塞默低頭，欠伸而已。有識旁觀，代其入地。何惜數年勤學，長受一生愧辱哉！

夫明六經之指，涉百家之書，縱不能增益德行，敦厲風俗，猶爲一藝，得以自資。父兄不可常依，鄉國不可常保，一旦流離，無人庇蔭，當自求諸身耳。諺曰：『積財千萬，不如薄伎在身。』伎之易習而可貴

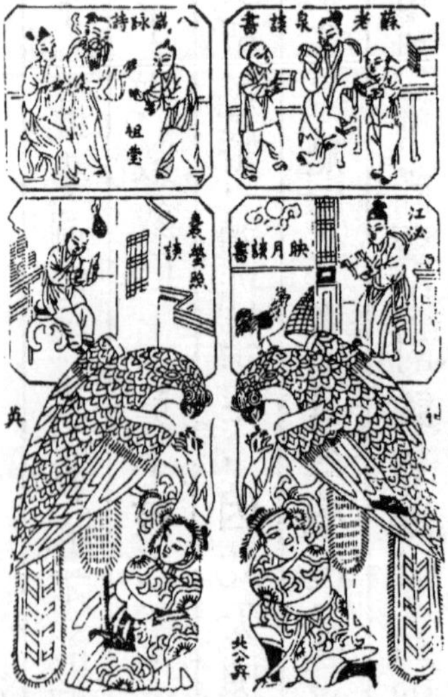

勸學年畫

者，無過讀書也。世人不問愚智，皆欲識人之多，見事之廣，而不肯讀書，是猶求飽而懶營饌，欲暖而惰裁衣也。夫讀書之人，自羲、農已來，宇宙之下，凡識幾人，凡見幾事？生民之成敗好惡，固不足論，天地所不能藏，鬼神所不能隱也。

夫所以讀書學問，本欲開心明目，利於行耳。

夫學者所以求益耳。見人讀數十卷書，便自高大，凌忽長者，輕慢同列；人疾之如仇敵，惡之如鴟梟。如此以學自損，不如無學也。

古之學者爲己，以補不足也；今之學者爲人，但能說之也。古之學者爲人，行道以利世也；今之學者爲己，修身以求進也。夫學者猶種樹也，春玩其華，秋登其實。講論文章，春華也；修身利行，秋實也。

人生小幼，精神專利，長成已後，思慮散逸，固須早教，勿失機也。

學之興廢，隨世輕重。漢時賢俊，皆以一經弘聖人之道，上明天時，下該人事，用此致卿相者多矣。末俗已來不復爾，空守章句，但誦師言，施之世務，殆無一可。

《書》曰：『好問則裕。』《禮》云：『獨學而無友，則孤陋而寡聞。』蓋須切磋相起明也。見有閉門讀書，師心自是，稠人廣坐，謬誤差失者多矣。

談說製文，援引古昔，必須眼學，勿信耳受。

名實第十（節選）

名之與實，猶形之與影也。德藝周厚，則名必善焉；容色姝麗，則影必美焉。今不修身而求令名於世者，猶貌甚惡而責妍影於鏡也。上士忘名，中士立名，下士竊名。忘名者，體道合德，享鬼神之福祐，非所以求名也；立名者，修身慎行，懼榮觀之不顯，非所以讓名也；竊名者，厚貌深奸，干浮華之虛稱，非所以得名也。

人足所履，不過數寸，然而咫尺之途，必顛蹶於崖岸，拱把之梁，每沈溺于川谷者，何哉？爲其旁無餘地故也。君子之立己，抑亦如之。至誠之言，人未能信，至潔之行，物或致疑，皆由言行聲名，無餘地也。吾每爲人所毀，常以此自責。若能開方軌之路，廣造舟之航，則仲由之言信，重於登壇之盟，趙熹之降城，賢於折冲之將矣。

涉務第十一（節選）

士君子之處世，貴能有益於物耳，不徒高談虛論，左琴右書，以費人君禄位也。國之用材，大較不過六事：一則朝廷之臣，取其鑒達治體，經綸博雅；二則文史之臣，取其著述憲章，不忘前古；三則軍旅之臣，取其斷決有謀，强幹習事；四則蕃屏之臣，取其明練風俗，清白愛民；五則使命之臣，取其識變從宜，不辱君命；六則興造之臣，取其程功節費，開略有術，此則皆勤學守行者所能辦也。人性有長短，豈責具美於六塗哉？但當皆曉指趣，能守一職，便無愧耳。

吾見世中文學之士，品藻古今，若指諸掌，及有試用，多無所堪。居承平之世，不知有喪亂之禍；處廟堂之下，不知有戰陳之急；保俸禄之資，不知有耕稼之苦；肆吏民之上，不知有勞役之勤，故難以應世經務也。

古人欲知稼穡之艱難，斯蓋貴穀務本之道也。夫食爲民天，民非食不生矣，三日不粒，父子不能相存。耕種之，茠鉏之，刈穫之，載積之，打拂之，簸揚之，凡幾涉手，而入倉廩，安可輕農事而貴末業哉？

唐

李世民

簡介 李世民（五九九—六四九），唐王朝第二任皇帝，史稱唐太宗。《誡吴王恪書》選自《舊唐書·吴王恪傳》，是李世民寫給戍守邊疆的兒子李恪的家书，希望他謹言慎行。《帝範》共十二篇，是李世民寫給兒子李治，告誡他如何做皇帝的，這裏僅選取《納諫》《崇儉》《後序》三篇。

誡吴王恪書

吾以君臨兆庶，表正萬邦。汝地居茂親，寄惟藩屏，勉思橋梓之道，善侔間、平之德。以義制事，以禮制心，三風十愆，不可不慎。如此則克固盤石，永保維城。外爲君臣之忠，内有父子之孝，宜自勵志，以勖日新。汝方違膝下，凄戀何已？欲遺汝珍玩，恐益驕奢。故誡此一言，以爲庭訓。

帝範·納諫篇

夫王者高居深視，虧聽阻明，恐有過而不聞，懼有闕而莫補。所以設鞀樹木，思獻替之謀；傾耳虛心，佇忠正之説。言之而是，雖在僕隸芻蕘，猶不可棄；言之而非，雖在王侯卿相，未必可容。其義可觀，不責其辯；其理可用，不責其文。至若折檻壞疏，標之以作戒；引裾却坐，顯之以自非。故云忠者瀝其心，智者盡其策。臣無隔情於上，君能遍照於下。

昏主則不然。説者拒之以威，勸者窮之以罪。大臣惜禄而莫諫，小臣畏誅而不言。恣暴虐之心，極荒淫之志。其爲壅塞，無由自知。以爲德超三皇，材過五帝。至於身亡國滅，豈不悲哉！此拒諫之惡也。

帝範·崇儉篇

夫聖世之君，存乎節儉。富貴廣大，守之以約；睿智聰明，守之以愚。不以身尊而驕人，不以德厚而矜物。茅茨不剪，采椽不斫，舟車不飾，衣服無文，土階不崇，大羹不和；非憎榮而惡味，乃處薄而行儉。故風淳俗樸，比屋可封。斯二者，榮辱之端。奢儉由人，安危在己。五關近閉，則嘉命遠盈；千欲内攻，則凶源外發。是以丹桂抱蠹，終摧榮耀之芳；朱火含烟，遂鬱凌雲之焰。以是知驕出於志，不節則志傾；欲生於心，不遏則身喪。故桀紂肆情而禍結，堯舜約己而福延，可不務乎？

親賜《帝範》

帝範·後序

古人有云：非知之難，惟行之不易；行之可勉，惟終實難。是以暴亂之君，非獨明於惡路；聖哲之主，非獨見於善途。良由大道遠而難遵，邪徑近而易踐。小人皆俯從其易，不得力行其難，故禍敗及之。君子勞處其難，不能力居其易，故福慶流之。故知禍福無門，惟人所召。欲悔非于既往，惟慎過于將來。當擇哲主爲師，毋以吾爲前鑒。取法于上，僅得爲中；取法于中，故其爲下；自非上德，不可效焉。吾在位以來，所制多矣。奇麗服玩，錦繡珠玉，不絶于前，此非防欲也。雕楹刻桷，高臺深池，每興其役，此非儉志也。犬馬鷹鶻，無遠必致，此非節心也。數有行幸，以亟勞人，此非屈己也。斯事者，吾之深過。勿以茲爲是而後法焉。但我濟育蒼生其益多，平定寰宇其功大。益多損少人不怨，功大過微德未虧。然猶之盡美之蹤，於焉多愧；盡善之道，顧此懷慚。況汝無纖毫之功，直緣基而履慶，若崇善以廣德，則業泰身安；若肆情以從非，則業傾身喪。且成遲敗速者，國基也；失易得難者，天位也。可不惜哉！

盧承慶

簡介　盧承慶，字子餘，幽州涿人。唐高宗時官拜刑部尚書。本文選自《新唐書·盧承慶傳》，在當時崇尚厚葬的時代，作者以高官之位，提倡簡葬，對喪服、器物、碑文等提出從簡的要求，實屬難得。

誡子簡葬

死生至理，猶朝有暮。吾死，斂以常服，晦朔無薦牲，葬勿卜日，器用陶漆，棺而不槨，墳高可識，碑誌著官號年月，無用虛文。

杜甫

簡介 杜甫（七一二—七七〇），字子美，號少陵野老。唐代著名詩人，被後世尊爲『詩聖』。安史之亂後曾任左拾遺、檢校工部員外郎等職，又稱『杜拾遺』『杜工部』等。以下兩首詩選自《集千家注杜工部詩集》，是杜甫在兒子宗武生日時寫的兩首詩，表達了作者希望兒子也能够熱愛文學創作，把詩歌當作終身的事業。

宗武生日

小子何時見，高秋此日生。自從都邑語，已伴老夫名。詩是吾家事，人傳世上情。熟精文選理，休覓彩衣輕。凋瘵筵初秩，欹斜坐不成。流霞分片片，涓滴就徐傾。

杜甫繪像

又示宗武

覓句新知律，攤書解滿床。
試吟青玉案，莫羨紫羅囊。
假日從時飲，明年共我長。
應須飽經術，已似愛文章。
十五男兒志，三千弟子行。
曾參與游夏，達者得升堂。

穆寧

簡介 穆寧，唐朝人。累官至秘書監。個性剛直，奉公守法。穆寧家教很嚴，讓兒子從小熟讀禮法，要求兒女一言一行不可失禮，爲人應正直無諂媚。本段選自《舊唐書·穆寧傳》。

誡諸子

吾聞君子之事親，養志爲大，直道而已。慎無爲諂，吾之志也。

韓愈

簡介 韓愈（七六八—八二四），字退之，河陽人。祖籍河北昌黎，世稱韓昌黎。晚年任吏部侍郎，又稱韓吏部。謚號『文』，又稱韓文公。唐代文學家、哲學家。他是唐代古文運動的倡導者，蘇軾稱他『文起八代之衰』，明人推他爲唐宋八大家之首，與柳宗元并稱『韓柳』，有『文章巨公』和『百代文宗』之名。李翺曾跟隨韓愈學習古文，在這封書信中，體現了韓愈對後輩文學創作的要求，這更是他爲學做人的要求。本篇選自《五百家注昌黎文集》。

答李翺書

使至辱書，歡愧來并，不容於心，嗟乎！子之書言意皆是也，僕雖巧説，何能逃其責耶！然皆子之愛我多，重我厚，不酌時人待我之情，而以子之待我之意，使我望於時人也。

僕之家本窮空，重遇攻劫，衣服無所得，養生之具無所有，家累僅三十口，携此將安所歸托乎？捨之入京，不可也；挈之而行，不可也，足下將安以爲我謀哉？此一事耳。

足下誠謂我入京城，有所益

韓愈繪像

乎？僕之所有，子猶有不知者，時人能知我哉？持僕所守，驅而使奔走伺候公卿間，開口論議，其安能有所合乎？僕在京城八九年，無所取資，日求於人，以度時月。當時行之不覺也，今而思之，如痛定之人，思當痛之時，不知何能自處也。今年已加長矣，復驅之使就其故地，是亦難矣。所貴乎京師者，得不以明天子在上，賢公卿在下，布衣韋帶之士談道誼者多乎？以僕遑遑於其中，能上聞而下達乎？其知我者固少，知而相愛不相忌者又加少，内無所資，外無所從，終安所爲乎？

嗟乎！子之責我誠是也，愛我誠多也，今天下之人有如子者乎？自堯舜以來，士有不遇者乎？無也。子獨安能使我潔清不洿，而處其所樂哉？非不願爲子所云者，力不足，勢不便故也。

僕於此豈以爲大相知乎？累累隨行，役役逐隊，饑而食，飽而嬉者也。其所以止而不去者，以其心誠有愛於僕也。然所愛於我者尤少，不知我者尤多，吾豈樂於此乎哉？將亦有所病而求息於此也。

嗟乎！子誠愛我矣，子之所以責於我者誠是矣。然恐子有時不暇責我而悲我，不暇悲我而自責且自悲也。及之而後知，履之而後難耳。昔者孔子稱顏回：『一簞食、一瓢飲，在陋巷，人不堪其憂，回也不改其樂。』彼人者，有聖者而爲之依歸，而又有簞食、瓢飲，足以不死，其不憂而樂也，豈不易哉！若僕無所依歸，無簞食、無瓢飲，無所取資則餓而死，其不亦難乎！子之聞我言亦悲矣。

嗟乎！子亦慎其所之哉。離違久，乍還侍左右，當日歡喜，故專使馳此，俟足下意，并以自解。愈再拜。

元稹

簡介 元稹（七七九—八三一），字微之，河南人。唐代著名詩人。本文選自《元稹集》，表達了叔侄之間真摯的感情。

誨侄等書

告崙等：吾謫竄方始，見汝未期，粗以所懷，貽誨於汝。汝等心志未立，冠歲行登。古人譏十九童心，能不自懼？吾不能遠諭他人，汝獨不見吾兄之奉家法乎？吾家世儉貧，先人遺訓常恐置産怠子孫，故家無樵蘇〔二〕之地，爾所詳也。吾竊見吾兄，自二十年來，以下士之禄，持窘絶之家，其間半是乞丐羈游，以相給足。然而吾生三十二年矣，知衣食之所自。始東都爲御史時。吾常自思，尚不省受吾兄正色之訓，而况於鞭笞詰責乎？嗚呼！吾所以幸而爲兄者，則汝所以得而爲父矣。有父如此，尚不足爲汝師乎？

吾尚有血誠，將告于汝：吾幼乏岐嶷〔二〕，十歲知方，嚴毅之訓不聞，師友之資盡廢。憶得初讀書時，感慈旨一言之嘆，遂志於學。是時尚在鳳翔，每借書於齊倉曹家，徒步執卷，就陸姊夫師授，栖栖勤勤其始也。若此至年十五，得明經及第，因捧先人舊書，於西窗下鑽仰沉吟，僅於不窺園井矣。如是者十年，然後粗沾一命，粗成一名。及今思之，上不能及烏鳥之報復，下未能減親戚之飢寒，抱釁〔三〕終身，偷活今日。故李密云：『生願爲人兄，得奉養之日長。』吾每念此言，無不雨涕。

汝等又見吾自爲御史來，效職無避禍之心，臨事有致命之志，尚知之乎？吾此意雖吾弟兄未忍及此，蓋以往歲忝職諫官，不忍小見，妄干朝聽，謫弃河南，泣血西歸，生死無告。不幸餘命不殞，重戴冠纓，常誓效死君前，揚名後代，殁有以謝先人於地下耳。嗚呼！及其時而不思，既思之而不及，尚何言哉？今汝等父母天地，兄弟成行，不於此時佩服詩書，以求榮達，其爲人耶？其曰人耶？吾又以吾兄所識，易涉悔尤，汝等出入游從，亦宜切慎，吾誠不宜言及於此。吾生長京城，朋從不少，然而未嘗識倡優之門，不曾於喧嘩縱觀，汝信之乎？吾終鮮姊妹，陸氏諸生，念之倍汝。小婢子等既抱吾殁身之恨，未有吾克己之誠，日夜思之，若忘生次。汝因便録吾此書寄之，庶其自發。千萬努力，無弃斯須。積付嵩鄭等。

【注释】〔一〕樵蘇：打柴割草。

〔二〕岐嶷：幼年聰慧。

〔三〕釁（音信）：同舋，罪責。

劉禹錫

簡介 劉禹錫（七七二—八四二），字夢得，彭城人。唐朝文學家、哲學家、詩人。有《陋室銘》《烏衣巷》《竹枝詞》等膾炙人口的名篇。本篇選自《劉賓客文集》，作者告誡將要任職越地的侄子，做官當廉潔盡忠，修身養性。

猶子蔚適越戒

猶子蔚晨跪於席端曰：『臣幼承叔父訓，始句萌至於扶疏〔一〕。前日不自意，有司以名污賢能書；又不自意，被丞相府召爲從事。重兢累愧，懼貽叔父羞。今當行，乞辭以爲戒。』

余曰：『若知彝器乎！始乎斫輪，因入規矩，刳中廉外，枵然而有容者，理膩質堅，然後加密石焉。風戾日晞，不副不聱。然後青黃之，鳥獸之，飾乎瑤金，貴在清廟。其用也冪以養潔，其藏也櫝以養光。苟措非其所，一有毫髮之傷，偏然與破甑爲伍矣。汝之始成人，猶器之作朴，是宜力學爲礱斫，新賢爲青黃，睦僚友爲瑤金，忠所奉爲清廟，盡敬以爲冪，慎微以爲櫝，去怠以護傷，在勤而行之耳。設有人思披重霄而挹顥氣，病無階而升，有力者揭層

劉禹錫像

梯而倚泰山，然而一舉足而一高，非獨揭梯者所能也。凡天位未嘗曠，故世多貴人，唯天爵并者乃可偉耳。夫偉人之一顧，逾乎華章而一非，亦慘乎黥刖。行矣，慎諸！吾見垂天之雲在爾肩腋間矣。

昔我友柳儀曹嘗謂吾文雋而膏，味無窮而炙愈出也。遲汝到丞相府，居一二日，袖吾文入謁，以取質焉。丞相，我友也。汝事所從，如事諸父，借有不如意，推起敬之心以奉焉。無忽！』

【注釋】

〔一〕句（音勾）萌：草木的芽苗。扶疏：枝葉茂盛紛披的樣子。『始句萌至于扶疏』，喻指自幼小至長大。

舒元輿

簡介 舒元輿（七九一——八三五），字升遠，婺州東陽（今屬浙江）人。元和八年（八一三）進士，唐代文學家。曾任監察御史，彈劾奸惡，不留情面，後因此被害。本篇選自《唐文粹》。作者給弟弟們寄贈了一塊磨刀石，這塊石頭曾使一口生銹的寶劍恢復本來面貌。他希望藉此鼓勵弟弟們常常磨礪品德學問，不斷進步。

貽諸弟砥石命

昔歲吾行吳江上，得亭長所貽劍，心知其不莽鹵，匣藏愛重，未曾褻視。今年秋在秦，無何發開，見慘翳積蝕，僅成死鐵。意慚身將利器，而使其不光明之若此，常緘求淬磨之心於胸中。數月後，因過岐山下，得片石，如淥水色，長不滿尺，闊厚半之。試以手磨，理甚膩，文甚密。吾意其异石，遂携入城，問於切磋工，工以爲可爲砥。吾遂取劍發之。初數日，浮埃薄落，未見快意。意工者相紿，復就問之。工曰：『此石至細，故不能速利堅鐵，但積漸發之，未一月當見真貌。』歸如其言，果睹變化，蒼慘剥落，若青蛇退鱗，光勁一水，泳涵星斗。持之切金錢三十枚，皆無聲而斷，愈始得之利數十百倍。

吾因嘆以爲金剛首五材，及爲工人鑄爲器，復得首出利物。以剛質鋌利，苟暫不砥礪〔一〕，尚與鐵無以异；况質柔鋌鈍，而又不能砥礪，當化爲糞土耳，又安得與死鐵倫齒〔二〕邪？以此益知人之生於代，苟不病盲聾喑啞，則五常之性全；性全，則豺狼燕雀亦云异矣。而或公然忘弃礪名砥行之道，反用狂言放情爲事，蒙蒙外埃，積成垢惡，日不覺寤，以至於戕正性，賊天理。生前爲造化剩物，殁復與灰土俱委。此豈不爲辜負日月之光景邪！

吾常睹汝輩趣□，爾誠全得天性者。況夙能承順嚴訓，皆解甘心服食古聖人道，知其必非雕缺道義，自埋於偷薄之倫者。然吾自干名在京城，兔魄〔三〕已十九晦矣。知爾輩懼旨甘不繼，困於薪粟，日丐於他人之門。吾聞此，益悲此身，使爾輩承順供養至此，亦益憂爾輩爲窮窶而斯須忘其節，爲苟得眩惑而容易徇於人，爲投刺牽役而造次惰其業。日夜憶念，心力全耗。且欲書此爲戒，又慮爾輩年未甚長成，不深諭解。今會鄂騎歸去，遂置石于書函中，筆用砥之功，以寓往意。

欲爾輩定持剛質，晝夜淬礪〔四〕，使塵埃不得間髪而入。爲吾守固窮之節，慎臨財之苟，積習肄之業，上不貽庭闈憂，次不貽手足病，下不貽心意愧。欲三者不貽，衹在爾砥之而已，不關他人。若砥之否也，則嚮之所謂切金涵星之用，又甚瑣屑，安足以諭之？然吾固欲爾輩常置砥於左右，造次顛沛必於是，思之亦古人韋弦銘座之義也。因書爲砥石命，以欲爾輩，兼刻辭於其側曰：劍之鍔，砥之而光；人之名，砥之而揚。砥乎砥乎，爲吾之師乎！仲兮季兮，無墜吾命乎！

【注釋】

〔一〕砥礪：磨礪，磨練。磨刀石細者爲砥，粗者爲礪。

〔二〕倫齒：比及，相比。

〔三〕兔魄：月亮的别稱。

〔四〕淬礪：淬火磨礪。比喻刻苦學習鍛煉。

朱仁軌

簡介 朱仁軌，字德容。唐代史學家朱敬則之兄。本篇選自《戒子通録》，講述了禮讓、謙恭的道理。

誨子弟言

終身讓路，不枉百步；終身讓畔，不失一段。

漢時，孔融年四歲時，即知友愛，有人送其家梨一筐，諸兄爭先取大，融獨後擇小者取之

孔融讓梨

柳玭

簡介 柳玭，唐末人，官至中書舍人、御史大夫。本文選自《舊唐書·柳玭傳》。柳家世代高官，門第顯赫，又以嚴格教育子弟聞名。文中告誡子孫不可以門第自驕，而要靠自己的真才實學立足于社會。又提出了爲人處世的五堅持、五反對，對于今天的家庭教育仍有積極意義。

柳氏家訓

夫門地高者，可畏不可恃。可畏者，立身行己，一事有墜先訓，則罪大于他人。雖生可以苟取名位，死何以見祖先于地下？不可恃者，門高則自驕，族盛則人之所嫉。實藝懿行，人未必信，纖瑕微累，十手爭指矣。

所以承世胄者，修己不得不懇，爲學不得不堅。夫人生世，以無能望他人用，以無善望他人愛。用愛無狀，則曰：『我不遇時，時不急賢。』亦由農夫鹵莽而種，而怨天澤之不潤，雖欲弗餒，其可得乎！

予幼聞先訓，講論家法。立身以孝悌爲基，以恭默爲本，以畏怯爲務，以勤儉爲法，以交結爲末事，以氣義爲凶人。肥家以忍順，保交以簡敬。百行備，疑身之未周；三緘密，慮言之或失。廣記如不及，求名如儻來〔一〕。去吝與驕，庶幾減過。莅官則潔己省事，而後可以言守法，守法而後可以言養人。直不近禍，廉不沽名。廪禄雖微，不可易黎甿〔二〕之膏血；榎楚〔三〕雖用，不可恣褊狹之胸襟。憂與福不偕，潔與富不并。比見門家子孫，其先正直當官，耿介特立，不畏强禦；及其衰也，唯好犯上，更無他能。如其先遜順處己，和柔保身，以遠悔尤；及其衰也，但有暗劣，莫知所宗。此際幾微，非賢不達。

夫壞名災己，辱先喪家。其失尤大者五，宜深志之。其一，自求安逸，靡甘澹泊。苟利于己，不恤人言。其二，不知儒術，不悦古道。懵〔四〕前經而不耻，論當世而解頤。身既寡知，惡人有學。其三，勝己者厭之，佞己者悦之，唯樂戲譚，莫思古道，聞人之善嫉之，聞人之惡揚之，浸漬頗僻，銷刻德義，簪裾徒在，厮養何殊。其四，崇好慢游，耽嗜麯蘖〔五〕。以銜杯爲高致，以勤事爲俗流。習之易荒，覺已難悔。其五，急于名宦，暱近權要，一資半級，雖或得之，衆怒群猜，鮮有存者。兹五不是，甚於痤疽。痤疽則砭石可瘳，五失則巫醫莫及。前賢炯戒，方册具存。近代覆車，聞見相接。

夫中人已下，修辭力學者，則躁進患失，思展其用；審命知退者，則業荒文蕪，一不足采。唯上智則研其慮，博其聞，堅其習，精其業，用之則行，捨之則藏。苟异於斯，豈爲君子？

【注釋】

〔一〕儻來：意外而來，偶然而至。

〔二〕黎甿：黎民，百姓。

〔三〕榎（音甲）楚：又作『檟楚』『夏楚』，木製刑具，用于笞打。

〔四〕懵：不明，无知貌。

〔五〕麯蘖：酒。

珍惜名譽

宋

范仲淹

簡介 范仲淹（九八九—一〇五二），字希文，蘇州吳縣人。工詩文，曾任參知政事、龍圖閣直學士等職，主持實行『慶曆新政』，革除時弊。謚文正。本文選自《戒子通録》，范仲淹告誡家人：要成就事業，應該通過自身的不斷努力，而不要妄想走什麽捷徑。

告諸子及弟侄

吾貧時，與汝母養吾親，汝母躬執爨而吾親甘旨，未嘗充也。今而得厚禄，欲以養親，親不在矣。汝母已早世，吾所最恨者，忍令若曹享富貴之樂也。吴中宗族甚衆，於吾固有親疏，然以吾祖宗視之，則均是子孫，固無親疏也。苟祖宗之意無親疏，則飢寒者，吾安得不恤也。自祖宗來積德百餘年，而始發於吾，得至大官，若獨享富貴而不恤宗族，异日何以見祖宗於地下，今何顔以入家廟乎？京師交游，慎於高議，不同言責之地。且温習文字，清心潔行，以自樹立平生之稱。當見大節，不必竊論曲直，取小名招大悔矣。京師少往還，凡見利處，便須思患。老夫屢經風波，惟能忍窮，故得免禍。

大參〔一〕到任，必受知也。惟勤學奉公，勿憂前路。慎勿作書求人薦拔，但自充實爲妙。

將就大對，誠吾道之風采，宜謙下兢畏，以副士望。

青春何苦多病，豈不以攝生爲意耶？門纔起立，宗族未受賜，有文學稱，亦未爲國家用。豈肯循常人之情，輕其身、汩其志哉！

賢弟請寬心將息，雖清貧，但身安爲重。家間苦淡，士之常也，省去冗口〔二〕可矣。請多著工夫看道書，見壽而康者，問其所以，則有所得矣。汝守官處小心不得欺事，與同官和睦多禮，有事祇與同官議，莫與公人商量。莫縱鄉親來部下興販，自家且一向清心做官，莫營私利。汝看老叔自來如何，還曾營私否？自家好，家門各人爲好事，以光祖宗。

【注释】

〔一〕大參：范仲淹之侄。

〔二〕冗口：指奴僕、雜役等人。

包拯

簡介 包拯（九九九—一〇六二），字希仁，北宋廬州合肥人。天聖進士。宋仁宗時任監察御史，執法不阿，有清官之名，謚號孝肅。有《包孝肅奏議》。本篇選自《包公奏議》。

包孝肅公家訓

後世子孫仕宦，有犯贓濫者，不得放歸本家；亡歿之後，不得葬於大塋之中。不從吾志，非吾子孫。仰珙刊石，竪於堂屋東壁，以詔後世。

歐陽修

簡介 歐陽修（一〇〇七—一〇七二），字永叔，號醉翁，晚號六一居士。官至參知政事，謚文忠。本篇選自《歐陽文忠公集》，教導侄子做官應遵守兩條要求，一是「盡心向前，不得避事」，二是要保持清廉。

與十二侄書

自南方多事以來，日夕憂汝。得昨日遞中書，知與新婦諸孫等各安，守官無事，頓解遠想。吾此哀苦如常。歐陽氏自江南歸朝，累世蒙朝廷官祿，吾今又被榮顯，致汝等并列官裳，當思報效。偶此多事，如有差使，盡心向前，不得避事。至於臨難死節，亦是汝榮事，但存心盡公，神明亦自□汝，慎不可思避事也。昨書中言欲買朱砂來，吾不闕此物。汝於官下宜

守廉，何得買官下物。吾在官所，除飲食物外，不曾買一物，汝可安此爲戒也。已寒，好將息。不具。吾書送通理十二郎。

邵雍

簡介 邵雍（一〇一一—一〇七七），字堯夫，謚康節。北宋哲學家。精研《易傳》。本文選自《戒子通録》，語言淺顯形象，分析了上、中、下三品人物，引導子孫作出正確的做人選擇。

戒子孫

上品之人，不教而善；中品之人，教而後善；下品之人，教亦不善。不教而善，非聖而何？教而後善，非賢而何？教亦不善，非愚而何？是知善也者，吉之謂也；不善也者，凶之謂也。吉也者，目不觀非禮之色，耳不聽非禮之聲，口不道非禮之言，足不踐非禮之地。人非善不交，物非義不取，親賢如就芝蘭，避惡如畏蛇蝎。或曰不謂之吉人，則吾不信也。

凶也者，語言詭譎，動止陰險，好利飾非，貪淫樂禍。疾良善如讎隙，犯刑憲如飲食。小則殞身滅性，大則覆宗絶嗣。或曰不謂之凶人，則吾不信也。《傳》有之曰：『吉人爲善，惟日不足；凶人爲不善，亦惟日不足。』汝等欲爲吉人乎？欲爲凶人乎？

讀書明志

司馬光

簡介

司馬光（一〇一九—一〇八六），字君實，陝州夏縣人。歷仕北宋仁宗、英宗、神宗三朝，奉命編纂《資治通鑒》。謚文正，追封温國公。《家範》是一部堪比《資治通鑒》的重要著作，系統地闡述了封建家庭的倫理關係、治家原則，以及修身養性和爲人處世之道。這裏節選的主要是《祖》與《父母》兩章中的内容，説明如何教導子女樹立正確的價值觀。《訓儉示康》選自《温國文正公文集》，論述了節儉的重要性，是一篇膾炙人口的家書；《與侄書》選自《古今事文類聚後集》，教育親屬謙恭禮讓，不要因朝中有人做官便欺壓他人。

家範（節選）

爲人祖者，莫不思利其後世。然果能利之者，鮮矣。何以言之？今之爲後世謀者，不過廣營生計以遺之。田疇連阡陌，邸肆跨坊曲，粟麥盈囷倉，金帛充篋笥，慊慊然[一]求之猶未足也，施施然[二]自以爲子子孫孫累世用之莫能盡也。然不知以義方[三]訓其子，以禮法齊其家。自於數十年中勤身苦體以聚之，而子孫於歲時之間，奢靡游蕩以散之，反笑其祖考之愚，不知自娱。又怨其吝嗇，無恩於我，而厲虐之也。始則欺紿攘竊，以充其欲；不足，則立券舉債於人，俟其死而償之。觀其意，惟患其考之壽也。甚者至於有疾不療，陰行鴆毒亦有之矣。然則鄉之所以利後世者，適足以長子孫之惡而爲身禍也。頃嘗有士大夫，其先亦國朝名臣也，家甚富而尤吝嗇，斗升之粟、尺寸之帛，必身自出納，鎖而封之。晝則佩鑰於身，夜則置鑰於枕下。病甚，困絶不知，子孫竊其鑰，開藏室，發篋笥，取其資財。其人後蘇，即捫枕下求鑰，不得，憤怒遂卒。其子孫不哭，相與争匿其財，遂致鬥訟。其處女亦蒙首執牒，自訴於府庭，以争嫁資，爲鄉黨笑。蓋由子孫自幼及長，惟知有利，不知有義故也。夫生生之資，固人所不能無，然勿求多餘。多餘，希不爲累矣。使其子孫果賢耶，豈蔬糲布褐不能自營，至死於道路乎？若其不賢耶，雖積金滿堂，奚益哉？多藏以遺子孫，吾見其愚之甚也。

然則賢聖皆不顧子孫之匱乏邪？曰：何爲其然也？昔者聖人遺子孫以德以禮，賢人遺子孫以廉以儉。舜自側微積德，至於爲帝，子孫保之，享國百世而不絶。周自后稷、公劉、太王、王季、文王，積德累功，至於武王而有天下。其《詩》曰：『詒厥孫謀，以燕翼子。』〔四〕言豐德澤，明禮法，以遺後世，而安固之也。故能子孫承統八百餘年，其支庶猶爲天下之顯，諸侯棋布於海内。其爲利豈不大哉！

爲人母者，不患不慈，患於知愛而不知教也。古人有言曰：『慈母敗子。』愛而不教，使淪於不肖，陷於大惡，入於刑辟，歸於亂亡，非他人之敗之也，母敗之也。自古及今，若是者多矣，不可悉數。

【注釋】

〔一〕慊慊然：不滿足的樣子。

〔二〕施施然：舒緩放鬆的樣子。

〔三〕義方：做人的正道。

〔四〕語出《詩經·大雅·文王有聲》，意即周武王遺留給子孫的是安樂敬恕之道。

訓儉示康

吾本寒家，世以清白相承。吾性不喜華靡。自爲乳兒，長者加以金銀華美之服，輒羞赧弃去之。二十忝科名，聞喜宴獨不戴花。同年曰：『君賜不可違也！』乃簪一花。平生衣取蔽寒，食取充腹，亦不敢服垢弊以矯俗干名，但順吾性而已。衆人皆以奢靡爲榮，吾心獨以儉素爲美。人皆嗤吾固陋，吾不以爲病，應之曰：『孔子稱：「與其不遜也，寧固。」又曰：「以約失之鮮矣。」又曰：「士志於道而恥惡衣惡食者，未足與議也。」古人以儉爲美德，今人乃以儉相詬病。嘻，异哉！』

近歲風俗尤爲侈靡，走卒類士服，農夫躡絲履。吾記天聖中，先公爲群牧判官，客至未嘗不置酒，或三行五行，多不過七行。酒酤於市，果止於梨、栗、棗、柿之類，肴止於脯、醢、菜、羹，器用瓷漆。當時士大夫家皆然，人不相非也。會數而禮勤，物薄而情厚。近日士大夫家，酒非内法，果肴非遠方珍异，食非多品，器皿非滿按，不敢會賓友。常數月營聚，然後敢發書。苟或不然，人争非之，以爲鄙吝。故不隨俗靡者，蓋鮮矣。嗟乎！風俗頽弊如是，居位者雖不能禁，忍助之乎！

又聞李文靖公爲相，治居第於封丘門内，聽事前僅容旋馬。或言其太隘，公笑曰：『居第當傳子孫，此爲宰相聽事誠隘，爲太祝、奉禮聽事已寬矣。』參政魯公爲諫官，真宗遣使急召之，得於酒家。既入，問其所來，以實對。曰：『卿爲清望官，奈何飲於酒肆？』對曰：『臣家貧，客至無器皿肴果，故就酒家觴之。』上以無隱，益重之。張文節爲相，自奉養如爲河陽掌書記時，所親或規之曰：『公今受俸不少，而自奉若此，公雖自信清約，外人頗有公孫布被之譏，公宜少從衆。』公嘆曰：『吾今日之俸，雖舉家錦衣玉食，何患不能？顧人之常情，由儉入奢易，由奢入儉難。吾今日之俸，豈能常存？一旦異於今日，家人習奢已久，不能頓儉，必致失所。豈若吾居位去位、身存身亡，常如一日乎？』嗚呼！大賢之深謀遠慮，豈庸人所及哉！

御孫曰：『儉，德之共也；侈，惡之大也。』共，同也。言有德者皆由儉來也。夫儉則寡欲。君子寡欲，則不役於物，可以直道而行；小人寡欲，則能謹身節用，遠罪豐家。故曰：『儉，德之共也。』侈則多欲。君子多欲，則貪慕富貴，枉道速禍；小人多欲，則多求妄用，敗家喪身。是以居官必賄，居鄉必盜。故曰：『侈，惡之大也。』

昔正考父饘粥以糊口，孟僖子知其後必有達人。季文子相三君，妾不衣帛，馬不食粟，君子以爲忠。管仲鏤簋朱紘，山楶藻梲，孔子鄙其小器。公叔文子享衛靈公，史鰌知其及禍，及戍，果以富得罪出亡。何曾日食萬錢，至孫以驕溢傾家。石崇以奢靡誇人，卒以此死東市。近世寇萊公豪侈冠一時，然以功業大，人莫之非，子孫習其家風，今多窮困。其餘以儉立名、以侈自敗者多矣，不可遍數。聊舉數人以訓汝，汝非徒身當服行，當以訓汝子孫，使知前輩之風俗云。

與侄書（節選）

光近蒙聖恩除門下侍郎……舉朝之人悉非舊識，逆見忌嫉者何可勝數？而獨以愚直之性處於其間，如一黄葉在烈風中，幾何不危墜也！是以受命以來，有懼而無喜。汝輩當識此意，倍須謙恭推讓，伏弱於人，不可恃賴我聲勢，作不公不法，攬擾官方，侵凌小民。

蘇軾

簡介 蘇軾（一〇三六—一一〇一），字子瞻，號東坡居士，眉山人。官至禮部尚書。一生仕途坎坷，以文學成就著稱，亦以書法見長。以下皆選自《東坡全集》。千之是蘇軾長兄之子，《與侄千之書》寫于作者被貶將離黄州時，體現了作者坦蕩無畏的心胸，同時勉勵小輩勤學自愛、多讀史書。《與侄孫元老書》則教導後輩讀書不僅是爲了求取功名，更要學以致用。

與千之侄

獨立不懼者，惟司馬君實與叔兄弟[一]耳。萬事委命，直道而行，縱以此竄逐，所獲多矣。

因風寄書。此外勤學自愛。近來史學凋廢，去歲作試官，問史傳中事，無一兩人詳者。可讀史書，爲益不少也。

【注釋】

〔一〕司馬君實與叔兄弟：指司馬光與蘇軾、蘇轍兄弟。

與侄孫元老書

侄孫近來爲學何如？恐不免趨時。然亦須多讀史，務令文字華實相副，期於實用乃佳。勿令得一第後，所學便爲弃物也。海外亦粗有書籍，六郎亦不廢學，雖不解對義，然作文極俊壯，有家法。二郎、五郎見説亦長進，曾見他文字否？侄孫宜熟看前後漢史及韓柳文。有便，寄近文一兩首來，慰海外老人意也。

黃庭堅

簡介 黃庭堅（一〇四五—一一〇五），字魯直，號山谷道人，洪州分寧（今江西修水）人。北宋著名詩人，有《山谷内外集》等。《家戒》選自《戒子通録》，説明了和睦對于家庭興旺的重要性。

家戒

庭堅自總角讀書，及有知識，迄今四十年，時態歷觀諦見。潤屋封君，巨姓豪右，衣冠世族，金珠滿堂。不數年間，復過之，特見廢田不耕，空囷不給。又數年復見之，有縲紲於公庭者，有荷擔而倦於行路者。問之曰：『君家曩時蕃衍盛大，何貧賤如是之速耶？』有應於予曰：『嗟乎！吾高祖起自憂勤，噍類數口，叔兄慈惠，弟侄恭順。爲人子者告其母曰：「無以小財爲争，無以小事爲仇。」使我兄叔之和也。爲人夫者告其妻曰：「無以猜忌爲心，無以有無爲懷。」使我弟侄之和也。於是共卮而食，共堂而燕，共庫而泉，共廩而粟。寒而衣，其幣同也；出而游，其車同也。下奉以義，上謙以仁，衆母如一母，衆兒如一兒，無爾我之辨，無多寡之嫌，無私貪之欲，無横費之財。倉箱共目而斂之，金帛共力而收之。故官私皆治，富貴兩崇。逮其子孫蕃息，妯娌衆多，内言多忌，人我意殊，禮義消衰，詩書罕聞，人面狼心，星分瓜剖。處私室則包羞自食，遇識者則强曰同宗，父無争子而陷於不義，夫無賢婦而陷於不仁，所志者小而所失者大。至於危坐孤立，患害不相維持。此所以速於苦也。』庭堅聞而泣曰：『家之不齊，遂至如是之甚，可志此以爲吾族之鑒。』

江端友

簡介 江端友，字子我，陳留人。官至太常少卿。本篇選自《戒子通録》，文字通俗易懂，主要是告誡子弟在人生有限的光陰中，應該有所追求地度過，不該謀求『無益之事』，妄作『名利之心』。

家訓

夜卧不眠，常須息心定志，勿妄籌畫無益之事，及起邪思。當審觀此身暫聚不久，既死之後，急急斂藏，蓋其敗壞不可堪見，方此之時，誰爲我者？如此思之，用意勞神，鑿空妄作，名利之心，皆可灰滅。以之涉世，遇患鮮矣。志慮既澄，自能體道，念念皆正，則大丈夫之事也。

凡飲食知所從來，五穀則人牛稼穡之艱難，天地風雨之順成，變生作熟，皆不容易。肉味則殺生斷命，其苦難言，思之令人自不欲食，况過擇好惡，又生嗔恚乎？一飽之後，八珍草萊，同爲臭腐，隨家豐儉，得以充飢，便自足矣。門外窮人無數，有盡力辛勤而不得一飽者，有終日飢而不能得食者，吾無功坐食，安可更有所擇？若能如此，不惟少欲易足，亦進學之一助也。吾嘗謂欲學道當以攻苦食淡爲先。人生直得上壽，亦無幾何，况逡巡之間，便乃隔世，不以此時學道，復性反本，而區區惟事口腹，豢養此身，可謂虛作一世人也。食已無事，經史文典漫讀一二篇，皆有益於人，勝別用心也。

與人交游，宜擇端雅之士，若雜交終必有悔，且久而與之俱化，終身欲爲善士，不可得矣。談議勿深及他人是非，相與意了，知其爲是爲非而已。棋弈雅戲，猶曰無妨，毋及婦人，嬉笑無節，敗人志意，此最不可也。既不自重，必爲有識所輕，人而爲人，所輕無不自取之也。汝等志之。

趙鼎

簡介 趙鼎（一〇八五—一一四七），字元鎮，號得全居士，宋山西聞喜人。徽宗崇寧進士。有《忠正德文集》。本段選自《忠正德文集》，强調做官應以廉政勤儉爲根本。

家訓筆録

凡在仕宦，以廉勤爲本。人之才性，各有短長，固難勉强。唯『廉、勤』二字，人人可至。廉勤所以處己，和順所以接物，與人和則可以安身，可以遠害矣。

吕本中

簡介 吕本中（一〇八四—一一四五），字居仁，詩人、道學家。詩屬江西派。著有《春秋集解》《江西詩社宗派圖》等。《官箴》一卷，多爲作者閱歷有得之言，以『清、慎、勤』三字爲當官之法，千古不易。

官箴（節選）

當官之法，唯有三事，曰清、曰慎、曰勤。知此三者，可以保禄位，可以遠恥辱，可以得上之知，可以得下之援。然世之仕者，臨財當事不能自克，常自以爲不必敗；持不必敗之意，則無所不爲矣。然事常至於敗不能自已。故設心處事，戒之在初，不可不察。借使役用權智，百端補治，幸而得免，所損已多，不若初不爲之爲愈也。司馬子微《坐忘論》云：『與其巧持於末，孰若拙戒於初？』此天下之要言，當官處事之大法，用力簡而見功多，無如此言者。人能思之，豈復有悔吝耶？

事君如事親，事官長如事兄，與同僚如家人，待群吏如奴僕，愛百姓如妻子，處官事如家事，然後爲能盡吾之心。如有毫末不至，皆吾心有所未盡也。故，事親孝，故忠可移於君；事兄悌，故順可移於長；居家理，故治可移於官。豈有二理哉？

當官處事，常思有以及人。如科率之行，既不能免，便就其間求其所以使民省力，不使重爲民害，其益多矣。

陸游

簡介 陸游（一一二五—一二一〇），字務觀，號放翁，山陰（今浙江紹興）人。南宋著名詩人，有《劍南詩稿》《渭南文集》等。本篇節選自《叢書集成初編》本《放翁家訓》。

放翁家訓（節選）

禍有不可避者，避之得禍彌甚。既不能隱而仕，小則譴斥，大則死，自是其分。若苟逃譴斥而奉承上官，則奉承之禍不止失官。苟逃死而喪失臣節，則失節之禍不止喪身。人自有懦而不能蹈禍難者，固不可强。惟當躬耕，絶仕進，則去禍自遠。

人生才固有限，然世人多不能克盡其實，至老必抱遺恨。吾雖不才，然亦一人也。人未四十，未可著書。過四十又精力日衰，忽便衰老。子孫以吾爲戒，可也。

世之貪夫，溪壑無厭，固不足責。至若常人之情，見他人服玩，不能不動，亦是一病。大抵人情慕其所無，厭其所有，但念此物若我有之，竟亦何用？使人歆艷，於我何補？如是思之，貪求自息。若夫天性澹然，或學問已到者，固無待此也。

人士有與吾輩行同者，雖位有貴賤，交有厚薄，汝輩見之，當極恭遜。已雖官高，亦當力請居其下。不然，則避去可也。吾少時，見士子有與其父之朋舊同席而劇談大噱者，心切惡之，故不願汝曹爲之也。

家頤

簡介 家頤，字養正，宋代四川眉縣人。著有《子家子》。本文選自《戒子通録》，是一篇説明父母應該如何正確教導子女的短文。

教子語

人生至樂無如讀書，至要無如教子。父子之間不可溺於小慈，自小律之以威，繩之以禮，則長無不肖之悔。教子有五：導其性，廣其志，養其才，鼓其氣，攻其病〔一〕，廢一不可。養子弟如養芝蘭，既積學以培植之，又積善以滋潤之。人家子弟惟可使覿〔二〕德，不可使覿利。富者之教子須是重道，貧者之教子須是守節。子弟之賢不肖係諸人，其貧富貴賤係之天。世人不憂其在人者，而憂其在天者，豈非誤耶？士之所行，不溷流

俗，一以抗節於時，一以詒訓於後。

士人家切勤教子弟，勿令詩書味短。孟子以惰其四支[三]爲一不孝。爲人子孫游惰而不知學，安得不愧。

【注释】

[一]病：缺點。

[二]覿（音敵）：相見。

[三]四支：即四肢。

袁采

簡介 袁采，字君載，南宋三衢人。曾爲縣令，以廉明剛直見稱。《袁氏世範》三卷，百餘條目，分爲睦親、處己、治家三大部分，爲歷代所推崇。本篇有刪節。

袁氏世範（節選）

性不可以强合

人之至親，莫過於父子兄弟。而父子兄弟有不和者，父子或因於責善，兄弟或因於爭財。有不因責善、爭財而不和者，世人見其不和，或就其中分別是非，而莫明其由。蓋人之性，或寬緩，或褊急，或剛暴，或柔懦，或嚴重，或輕薄，或持檢，或放縱，或喜閑靜，或喜紛拏，或所見者小，或所見者大，所禀自是不同。父必欲子之性合於己，子之性未必然；兄必欲弟之性合於己，弟之性未必然。其性不可得而合，則其言行亦不可得而合。此父子兄弟不和之根源也。況凡臨事之際，一以爲是，一以爲非；一以爲當先，一以爲當後；一以爲宜急，一以爲宜緩，其不齊如此。若互欲同於己，必致於争論，争論不勝，至於再三，至于十數，則不合之情自兹而啓，或至於

虚己求賢

終身失歡。若悉悟此理，爲父兄者，通情於子弟，而不責子弟之同於己；爲子弟者，仰承於父兄，而不望父兄惟己之聽，則處事之際，必相和協，無乖争之患。孔子曰：『事父母，幾諫，見志不從，又敬不違，勞而不怨。』此聖人教人和家之要術也，宜熟思之。

人必貴於反思

人之父子，或不思各盡其道，而互相責備者，尤啓不和之漸也。若各能反思，則無事矣。爲父者曰：『吾今日爲人之父，蓋前日嘗爲人之子矣。凡吾前日事親之道，每事盡善，則爲子者得於見聞，不待教詔而知效。倘吾前日事親之道有所未善，將以責其子，得不有愧於心？』爲子者曰：『吾今日爲人之子，則他日亦當爲人之父。今吾父之撫育我者如此，畀付我者如此，亦云厚矣。他日吾之待其子，不畀於吾之父，則可俯仰無愧。若或不及，非惟有負於其子，亦何顔以見其父？』然世之善爲人子者，常善爲人父。不能孝其親者，常欲虐其子。此無他，賢者能自反，則無往而不善；不賢者不能自反，爲人子則多怨，爲人父則多暴。然則自反之説，惟賢者可以語此。

處家貴寬容

自古人倫，賢否相雜。或父子不能皆賢，或兄弟不能皆令，或夫流蕩，或妻悍暴，少有一家之中，無此患者，雖聖賢亦無如之何。譬如身有瘡痍疣贅，雖甚可惡，不可決去，惟當寬懷處之。能知此理，則胸中泰然矣。古人所以謂父子、兄弟、夫婦之間，人所難言者如此。

順適老人意

年高之人，作事有如嬰孺，喜得錢財微利，喜受飲食、果實小惠，喜與孩童玩狎。爲子弟者能知此，而順適其意，則盡其歡矣。

孝行貴誠篤

人之孝行，根於誠篤，雖繁文末節不至，亦可以動天地、感鬼神。嘗見世人有事親不務誠篤，乃以聲音笑貌繆爲恭敬者，其不爲天地鬼神所誅則幸矣，况望其世世篤孝而門户昌隆者乎？苟能知此，則自此而往，應與物接，皆不可不誠。有識君子，試以誠與不誠者，較其久遠，效驗孰多。

人不可不孝

人當嬰孺之時，愛戀父母至切。父母於其子嬰孺之時，愛念尤厚，撫育無所不至。蓋由氣血初分，相去未遠，而嬰孺之聲音笑貌，自能取愛於人。亦造物者設爲自然之理，使之生生不窮。雖飛走微物亦然，方其子初脱胎卵之際，乳飲哺啄必極其愛。有傷其子，則護之，不顧其身。然人於既長之後，分稍嚴而情稍疏。父母方求盡其慈，子方求盡其孝。飛走之屬稍長則母子不相識認，此人之所以异于飛走也。然父母於其子幼之時，愛念撫育，有不可以言盡者。子雖終身承顔致養，極盡孝道，終不能報其少小愛念撫育之恩，况孝道有不盡者。凡人之不能盡孝道者，請觀人之撫育嬰孺，其情愛如何，終當自悟。亦猶天地生育之道，所以及人者至廣至大，而人之回報天地者何在？有對虚空焚香跪拜，或召羽流齋醮上

帝，則以爲能報天地，果足以報其萬分之一乎？況又有怨咨乎天地者，皆不能反思之罪也。

兄弟貴相愛

兄弟義居，固世之美事。然其間有一人早亡，諸父與子侄其愛稍疏，其心未必均齊。爲長而欺瞞其幼者有之，爲幼而悖慢其長者有之。顧見義居而交争者，其相疾有甚於路人。前日之美事，乃甚不美矣。故兄弟當分，宜早有所定。兄弟相愛，雖异居异財，亦不害爲孝義。一有交争，則孝義何在？

衆事宜各盡心

兄弟子侄，有同門异户而居者，於衆事各宜盡心，不可令小兒婢僕有擾於衆。雖是細微，皆起争之漸。且衆之庭宇，一人勤於掃灑，一人全不之顧，勤掃灑者已不能平，况不之顧者又縱其小兒婢僕，常常狼籍，且不容他人禁止，則怒詈失歡，多起於此。

同居相處貴寬

同居之人有不賢者，非理以相擾，若間或一再，尚可與辯。至於百無一是，且朝夕以此相臨，極爲難處。同鄉及同官亦或有此，當寬其懷抱，以無可奈何處之。

處富貴不宜驕傲

富貴乃命分偶然，豈宜以此驕傲鄉曲？若本自貧窶，身致富厚，本自寒素，身致通顯，此雖人之所謂賢，亦不可以此取尤於鄉曲。若因父祖之遺資而坐饗肥濃，因父祖之保任而馴致〔一〕通顯，此何以异於常人。其間有欲以此驕傲鄉曲，不亦羞而可憐哉！

【注释】

〔一〕馴致：逐漸達到。

禮不可因人輕重

世有無知之人，不能一概禮待鄉曲，而因人之富貴貧賤，設爲高下等級。見有資財有官職者，則禮恭而心敬。資財愈多，官職愈高，則恭敬又加焉。至視貧者賤者，則禮傲而心慢，曾不少顧恤。殊不知彼之富貴，非我之榮，彼之貧賤，非我之辱，何用高下分別如此？長厚有識君子，必不然也。

窮達自兩塗

操履〔一〕與升沈，自是兩塗。不可謂操履之正，自宜榮貴，操履不正，自宜困厄。若如此，則孔、顔應爲宰輔，而古今宰輔達官，不復小人矣。蓋操履自是吾人當行之事，不可以此責效於外物。責效不效，則操履必怠，而所守或變，遂爲小人之歸矣。今世間多有愚蠢而饗富厚，智慧而居貧寒者，皆自有一定之分，不可致詰。若知此理，安而處之，豈不省事？

【注释】

〔一〕操履：品行。

世事更變皆天理

世事多更變，乃天理如此。今世人往往見目前稍稍樂盛，以爲此生無足慮，不旋踵而破壞者多矣。大抵天序十年一换甲，則世事一變。今不須廣論久遠，只以鄉曲十年前、二十年前比論目前，其成敗興衰何嘗有定勢？世人無遠識，凡見他人興進及有如意事則懷妒，見他人衰退及有不如意事則譏笑。同居及同鄉人最多此患。若知事無定勢，則自慮之不暇，何暇妒人笑人哉！

人生勞逸常相若

應高年饗富貴之人，必須少壯之時嘗盡艱難，受盡辛苦，不曾有自少壯饗富貴安逸至老者。早年登科及早年受奏補之人，必於中年齟齬不如意，却於暮年方得榮達。或仕宦無齟齬，必其生事窘薄，憂饑寒，慮婚嫁。若早年宦達，不歷艱難辛苦，及承父祖生事之厚，更無不如意者，多不獲高壽。造物乘除之理，類多如此。其間亦有始終饗富貴者，乃是有大福之人，亦千萬人中間有之，非可常也。今人往往機心巧謀，皆欲不受辛苦，即饗富貴至終身。蓋不知此理，而又非理計較，欲其子孫自少小安然享大富貴，尤其蔽惑也，終於人力不能勝天。

貧富定分任自然

富貴自有定分。造物者既設爲一定之分，又設爲不測之機，役使天下之人朝夕奔趨，老死而不覺。不如是，則人生天地間全然無事，而造化之術窮矣。然奔趨而得者不過一二，奔趨而不得者，蓋千萬人。世人終以一二者之故，至於勞心費力，老死無成者多矣。不知他人奔趨而得，亦其定分中所有者。若定分中所有，雖不奔趨，遲以歲月，亦終必得。故世有高見遠識，超出造化機關之外，任其自来。自來者，其胸中平夷無憂喜，無怨尤。所謂奔趨及相傾之事，未嘗萌於意間，則亦何争之有！前輩謂：『死生貧富，生來註定；君子嬴得爲君子，小人枉了做小人。』此言甚切，人自不知耳！

元

許衡

簡介 許衡（一二〇九—一二八一），宋元之際學者。元世祖時，任京兆提學，于關中大興學校。本文選自《魯齋遺書》。

許魯齋語録（節選）

稱人之善，宜就迹上言；議人之失，宜就心上言。蓋人之初心，本自無惡，特以利欲驅之，故失正理。其始甚微，其終至於不可救。仁人雖惡其去道之遠，然亦未嘗不憫其昏暗無知，誤至此極也。故議之必從始失之地言之，使其人聞之，足以自新而無怨，而吾之言，亦自爲長厚切要之言。善迹既著，即從而美之，不必更求隱微，主爲一定之論。

凡在朋儕中，切戒自滿，惟虚故能受，滿則無所容。人不我告，則止於此爾，不能日益也。故一人之見，不足以兼十人。我能取之十人，是兼十人之能矣。取之不已，至于百人千人，則在我者，豈可量也哉？

前人謂：得便宜事，莫得再做；得便宜處，不得再去。休説莫得再，只先一次，已是錯了。世間豈有得便宜底理？汝既多取了他人底，便是欠下他底，隨後却要還他。世間人都有合得底分限，你如何多得他便宜？萬無此理。……又人道，得便宜是落便宜，實是所得便宜無幾，而于天理人心，欠闕不可勝道。天理也不容汝，人心也放你不過。外面事不停當，反而求之，此心歉然，於義理所欠多矣，如何得安？稍能自思自反者，此理不難見也。其反報甚速，大可畏也。可爲愛便宜者之戒。

明

龐尚鵬

簡介 龐尚鵬（一五二四—一五八一），字少南，號惺庵，廣東南海人。嘉靖進士，曾任右僉都御史、福建巡撫等職，爲政頗得民心。

龐氏家訓（節選）

學貴變化氣質，豈爲獵章句、干利禄哉！如輕浮則矯之以嚴重，褊急則矯之以寬宏，暴戾則矯之以和厚，迂遲則矯之以敏迅。隨其性之所偏，而約之使歸於正，乃見學問之功大。以古人爲鑒，莫先於讀書。

病從口入，禍從口出。凡飲食不知節，言語不知謹，旨自賊〔一〕其身，夫誰咎？

處身固以謙退爲貴，若事當勇往而畏縮深藏，則丈夫而婦人矣。古人言若不出口，身若不勝衣，及義所當爲，雖孟賁〔二〕不能奪，此以義爲尚者也。

【注釋】

〔一〕賊：危害。

〔二〕孟賁：戰國時勇士，能生拔牛角。

鷄鳴早讀

霍韜

簡介 霍韜（一四八七—一五四〇），字渭先，南海人。明正德進士，官至太子太保、禮部尚書。本篇强調了勞動的重要性，作者位居高官，却希望子女能够從事一些農業勞動，從中學到做人的道理。

家訓（節選）

凡子侄多忌農作，不知幼事農業，則不知粟入艱難，易生侈心；幼事農業，則習恒敦實，不生邪心；幼事農業，力涉勤苦，能興起善心，以免于罪戾，故子侄不可不力農作。

楊繼盛

簡介 楊繼盛（一五一六—一五五五），字仲芳，號椒山，保定人。明代著名諫臣。本篇選自《楊忠愍公集》。作者在激烈的政治鬥爭中蒙冤下獄，在生死關頭寫下遺囑給兩個兒子，告誡他們要立志向善。

給子應尾、應箕（節選）

你發憤立志要作個君子，則不拘做官不做官，人人都敬重你，故我要你第一先立起志氣來。

讀書見一件好事，則便思量我將來必定要行；見一件不好的事，則便思量我將來必定要戒；見一個好人，則思量將來必要合他一般；見一不好的人，則思量吾將來切休要學他。則心地自然光明正大，行事自然不會苟且，便爲天下第一等人矣。

你兩個年幼，恐油滑人見了，便要哄誘你，或請你吃飯，或誘你賭博，或以心愛之物送你，或以美色誘你。一入他圈套，便吃他虧，不惟蕩盡家業，且弄你成不的人。若是有這樣人哄你，便想我的話，來識破他合你好是不好的意思，便遠了他。揀著老成忠厚，肯讀書，肯學好的人，你就與他肝膽相交，語言必信，逐日與他相處，你自然成個好人，不入下流也。

與人相處之道，第一要謙下誠實，同幹事則勿避勞苦，同飲食則勿貪甘美，同行走則勿擇好路，同睡寢則勿占床席。寧讓人，勿使人讓我；寧容人，勿使人容我；寧吃人之虧，勿使人吃我虧；寧受人氣，勿使人受我氣。人有恩於我，則終身不忘；人有怨於我，則即時丟過。見人之

勤學圖

善，則對人稱揚不已；聞人之過，則絕口不對人言。人有向你說，某人感你之恩，則云他有恩於我，我無恩於他，則感恩者聞之，其感益深。有人向你說，某人惱你謗你，則云他與我平日最相好，豈有惱我謗我之理？則惱我謗我者聞之，其怨即解。人之勝似你，則敬重之，不可有傲忌之心；人之不如你，則謙待之，不可有輕賤之意。又與人相交，久而益密，則行之邦家，可無怨矣。

王守仁

簡介 王守仁（一四七二—一五二九），字伯安，浙江餘姚人。著名哲學家、思想家、政治家和軍事家，是朱熹後的另一位大儒，『心學』流派最重要的大師。明弘治十二年（一四九九）舉進士，歷任刑部主事、兵部主事等。正德年間受讒被貶貴州，因曾于陽明洞（位于今貴陽市修文縣）學習，世稱王陽明。這篇家書選自《陽明先生文録》，王守仁認爲人最可貴的不是没有過失，而是在犯錯後能主動改正。他還指出，要避免自己的過失，就應該謹慎小心，秉持中正之道。

寄諸弟

屢得弟輩書，皆有悔悟奮發之意，喜慰無盡。但不知弟輩果出於誠心乎？亦謾爲之説云爾。本心之明，皎如白日。無有有過而不自知者，但患不能改耳。一念改過，當時即得本心。人孰無過，改之爲貴。蘧伯玉大賢也，惟曰欲寡其過，而未能成湯；孔子大聖也，亦惟曰改過不吝，可以無大過而已。人皆曰：『人非堯舜，安能無過？』此亦相沿之説，未足以知堯舜之心。若堯舜之心而自以爲無過，即非所以爲聖人矣。其相授受之言曰：『人心惟危，道心惟微，惟精惟一，允執厥中。』彼其自以爲人心之惟危也，則其心亦與人同耳。危即過也，惟其兢兢業業，嘗加精一之功，是以能『允執厥中』，而免於過古之聖賢。時時自見己過而改之，是以能無過，非其心果與人异也。戒慎不睹，恐懼不聞者，時時自見己過之功。吾近來實見此學有用力處，但爲平日習染深痼，克治欠勇，故切切預爲弟輩言之，毋使亦如吾之習染既深，而後克治之難也。人方少時，精神意氣既足鼓舞，而身家之累尚未切心，故用力頗易。迨其漸長，世累日深，而精神意氣亦日漸以減，然能汲汲奮志於學，則猶尚可有爲。至於四十五十，即如下山之日，漸以微滅，不復可挽矣。故孔子云：四十五十而無聞焉。斯亦不足畏也。已又曰：及其老也，血氣既衰，戒之在得。吾亦近來實見此病，故亦切切預爲弟輩言之，宜及時勉力，毋使過時而徒悔也。

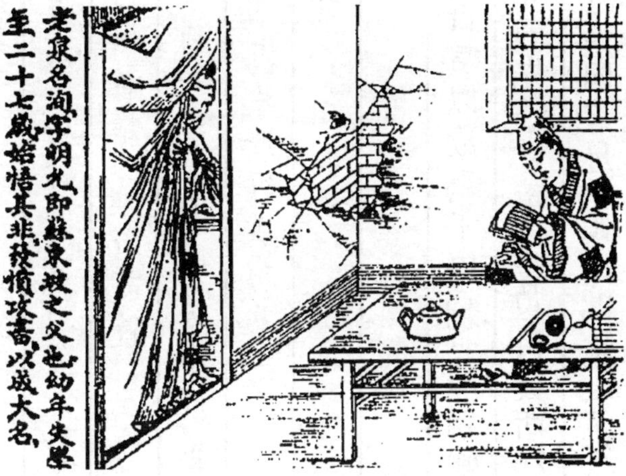
老泉名洵，字明允，即蘇東坡之父也，幼年失學，
至二十七歲始悟其非，發憤攻書，以成大名。

蘇洵發憤讀書

張居正

簡介 張居正（一五二五—一五八二），字叔大，少名白圭，號太岳，謚文忠，江陵人。萬曆初年任内閣首輔，推行新政，銳意改革。本文選自《張太岳集》，作者爲小兒子的考場失利分析原因，指出遠大的志向須以自己的實際能力爲基礎，□能取得成功。

示季子懋修書

汝幼而穎异，初學作文，便知門路，吾常以汝爲千里駒，即相知諸公見者，亦皆動色相賀，曰：『公之諸郎，此最先鳴者也。』乃自癸酉科舉之後，忽染一種狂氣，不量力而慕古，好矜己而自足，頓失邯鄲之步，遂至匍匐而歸〔一〕。

丙子之春，吾本不欲汝求試，乃汝諸兄咸來勸我，謂不宜挫汝鋭氣，不得已黽勉從之，竟至顛蹶。藝本不佳，於人何尤？然吾竊自幸曰：『天其或者欲厚積而鉅發之也。』又意汝必懲再敗之恥，而俯首以就矩矱也。豈知一年之中，愈作愈退，愈激愈頽。以汝爲質不敏耶？固未有少而了了，長乃懵懵者；以汝行不力耶？固聞汝終日閉門，手不釋卷，乃其所造爾爾。是必志騖於高遠，而力疲于兼涉，所謂之楚而北行也。欲圖進取，豈不難哉！

夫欲求古匠之芳躅，又合當世之軌轍，惟有絶世之才者能之，明興以來，亦不多見。吾昔童稚登科，冒竊盛名，妄謂屈宋班馬，了不异人，區區一第，唾手可得，乃弃其本業，而馳騖古典。比及三年，新功未完，舊業已蕪。今追憶當時所爲，適足以發笑而自點耳。甲辰下第，然後揣己量

教學相長

力，復尋前轍，晝作夜思，殫精畢力，幸而藝成。然亦僅得一第止耳，猶未得掉鞅[二]文場，奪標藝院也。

今汝之才，未能勝余，乃不俯尋吾之所得，而復蹈吾之所失，豈不謬哉！吾家以詩書發迹，平生苦志勵行，所以貽則於後人者，自謂不敢後於古之世家名德。固望汝等繼志繩武，益加光大，與伊巫之儔，并垂史册耳！豈欲但竊一第，以大吾宗哉！吾誠愛汝之深，望汝之切，不意汝妄自菲薄，而甘爲轅下駒〔三〕也。

今汝既欲我置汝不問，吾自是亦不敢厚責於汝矣！但汝宜加深思，毋甘自弃。假令才質駑下，分不可强；乃才可爲而不爲，誰之咎與！己則乖謬，而徒諉之命耶，惑之甚矣！且如寫字一節，吾呶呶諄諄者幾年矣，而潦倒差訛，略不少變，斯亦命爲之耶？區區小藝，豈磨以歲月乃能工耶？吾言止此矣，汝其思之！

【注释】

〔一〕本句意指科舉失利。

〔二〕掉鞅：謂駕禦從容。

〔三〕駒：小馬。轅下駒意謂受制而顯現出局促的情形。

吕坤

簡介 吕坤（一五三六——一六一八），字叔簡，號抱獨居士，商丘寧陵縣人。明代學者。

呻吟語（節選）

怠惰時看工夫，脱略時看點檢，喜怒時看涵養，患難時看力量。

自德性中來，生死不變；自識見中來，則有時而變矣。故君子以識見養德性。德性堅定則可生可死。

『昏弱』二字是立身大業障，去此二字不得，做不出一分好人。

學問之功，生知聖人亦不敢廢。不從學問中來，任從有掀天揭地事業，都是氣質作用。氣象豈不炫赫可觀，一入聖賢秤尺，坐定不妥貼。學問之要如何？隨事用中而矣。

進德修業在少年，道明德立在中年，義精仁熟在晚年。若五十以前德性不能堅定，五十以後愈懶散，愈昏弱，再休説那中興之力矣。

世間無一件可驕人之事：才藝不足驕人，德行是我性分。事不到堯舜周孔便是欠缺，欠缺便自可耻，如何驕得人。

【注释】

〔一〕稽唇：争吵，拌嘴。

高攀龍

簡介 高攀龍（一五六二——一六二六），字存之，又字雲從、景逸，無錫人。明代文學家、政治家。曾與顧憲成同在東林書院講學。本篇選自《高子遺書》。

高氏家訓（節選）

吾人立身天地間，只思量作得一個人，是第一義，餘事都没要緊。

作好人，眼前覺得不便宜，總算來是大便宜。作不好人，眼前覺得便宜，總算來是大不便宜。千古以來，成敗昭然，如何迷人尚不覺悟？真是可哀！吾爲子孫發此真切誠懇之語，不可草草看過。

以孝弟爲本，以忠義爲主，以廉潔爲先，以誠實爲要，臨事讓人一步，自有餘地；臨財放寬一分，自有餘味。

善須是積，今日積，明日積，積小便大。一念之差，一言之差，一事之差，有因而喪身亡家者，豈不可畏也！

言語最要謹慎，交游最要審擇。多說一句不如少說一句，多識一人不如少識一人。若是賢友，愈多愈好，只恐人才難得，知人實難耳。語云：『要作好人，須尋好友。引酵若酸，那得甜酒？』又云：『人生喪家亡身，言語占了八分。』皆格言也。

温璜

簡介 温璜（一五八五—一六四五），原名以介，字于石，號寶忠，南潯人。崇禎進士，官徽州府推官。《温氏母訓》爲温璜録其母陸氏之訓語。

温氏母訓（節選）

做人家，切弗貪富，只如俗言『從容』二字甚好。……假若八口之家，能勤能儉，得十口貲粮；六口之家，能勤能儉，得八口貲糧，便有二分餘剩。何等寬舒，何等康泰。

家庭禮數，貴簡而安，不欲煩而勉。富貴一層，繁瑣一層。繁瑣一分，疏闊一分。

周旋親友，只看自家力量，隨緣答應窮親窮眷，放他便宜一兩處，纔得消讒免謗。

凡人説他兒子不肖，還要照管伊父體面；説他婆子不好，還要照管伊夫體面。

貧人勿説大話，婦人勿説漢話，愚人勿説乖話，薄福人勿説滿話，職業人勿説閑話。

問世間何者最樂？母曰：不放債、不欠債的人家，不大豐、不大

歉的年時，不奢華、不盜賊的地方，此最難得；免饑寒的貧士，學孝弟的秀才，通文義的商賈，知稼穡的公子，舊面目的宰官，此尤難得也。

受謗之事，有必要辯者，有必不可辯者。如係田產錢財的，遲則難解，此必要辯者也。如係第閨閫的，靜則自消，此必不辯者也。如係口舌是非的，久當自明，此必不必辯者也。

遠邪佞，是富家教子弟第一義。遠耻辱，是貧家教子弟第一義。至于科第文章，總是兒郎自家本事。

清

傅山

簡介 傅山（一六〇七—一六八四），初名鼎臣，改爲山，原字青竹，後改青主，太原人。博學多才，精通經史百家，兼攻詩文書畫，尤對醫學有深入研究和獨到見地。明末清初傑出的思想家、詩人、書畫家、醫學家、戲曲家、武術家、社會活動家，號稱『十七世紀中國思想文化界的一座奇峰』。

十六字格言

靜 不可輕舉妄動。此全爲讀書地，街門不輒出。

淡　消除世味利欲。

遠　去人遠，無匪人之比〔一〕。此有二義。又要往遠裏看，對近字求之。

藏　一切小慧，不可賣弄。

忍　眷屬小嫌，外來侮禦，讀《孟子》「三自反」章自解。

樂　此字難講。如般樂〔二〕飲酒，非類群嬉，豈可謂樂？此字只在閉門讀書裏面。讀《論語》首章自見。

默　此字只要謹言。古人戒此，多有成言矣。至于訐直惡口，排毀陰隱，不止自己不許犯之，即聞人言，掩耳急走。

謙　一切有而不居，與驕傲反。吾說《易·謙》卦有之。

重　即「君子不重則不威」之重。氣岸崚嶒，不惡而嚴。

審　大而出處，小而應接，慮可知難。至於日間言行，静夜自審，又是一義。前是求不失其可，後是又改革其非。

勤　讀書勿怠，凡一義一字不知者，問人檢籍。不可一『且』字放在胸中。

儉　一切飯食衣服，不飢不寒足矣。若有志，即飢寒在身，亦不得萌干求之意。

寬　肚皮寬展，爲容受地，窄則自隘自蹙，損性致病。

安　只是對『勉』字看。『勉』豈不是好字，但不可强不能爲能、不知爲知。此病中者最多。

蜕　《荀子》『如蜕』之脱。君子學問，不時變化，如蟬蜕殼。若得少自錮〔三〕，豈能長進。

歸　謂有所歸宿，不至無所著落，即博後之約。

偶列此十六字，教蓮蘇、蓮寶，粗令觸目，略有所警。載籍如此話，說不勝記。爾輩漸漸讀書尋義，自當遇之。魏收《枕中篇》最周匝〔四〕，不可以人廢言，于《元魏書》中看之。

静默淡遠

【注释】

〔一〕匪人之比：狐朋狗友一類的朋友。比，類。

〔二〕般（音盘）樂：作樂，玩樂。

〔三〕自錮：固步自封。

〔四〕周匝：周到，周密。

朱柏廬

簡介　朱柏廬（一六一七—一六八八），本名用純，字致一，號柏廬，江蘇昆山人。一生未仕，鑽研程朱理學，著有《四書講義》等。《朱子治家格言》，又稱《朱子家訓》，自問世以來流傳甚廣，被士大夫們尊爲『治家之經』，清至民國年間一度成爲童蒙必讀課本之一，影響甚至遍及東南亞。該文講求道德修養、行爲規範的準則，勸人勤儉治家，安分守己。

朱子治家格言

黎明即起，灑掃庭除，要内外整潔。既昏便息，關鎖門户，必親自檢點。一粥一飯，當思來處不易；半絲半縷，恒念物力維艱。宜未雨而綢繆，毋臨渴而掘井。自奉必須儉約，宴客切勿流連。器具質而潔，瓦缶勝金玉；飲食約而精，園蔬愈珍羞。勿營華屋，勿謀良田。三姑六婆，實淫盜之媒；婢美妾嬌，非閨房之福。奴僕勿用俊美，妻妾切忌艷妝。祖宗雖遠，祭祀不可不誠；子孫雖愚，經書不可不讀。居身務期質樸，教子要有義方。莫貪意外之財，莫飲過量之酒。與肩挑貿易，毋占便宜；見窮苦親鄰，須多温恤。刻薄成家，理無久享；倫常乖舛，立見消亡。

兄弟叔侄，須分多潤寡；長幼內外，宜法肅辭嚴。聽婦言，乖骨肉，豈是丈夫；重資財，薄父母，不成人子。嫁女擇佳婿，毋索重聘；娶媳求淑女，勿計厚奩。見富貴而生諂容者最可耻，遇貧窮而作驕態者賤莫甚。居家戒爭訟，訟則終凶；處世戒多言，言多必失。毋恃勢力而凌逼孤寡；毋貪口腹而恣殺生禽。乖僻自是，悔誤必多；頹惰自甘，家道難成。

狎昵惡少，久必受其累；屈志老成，急則可相依。輕聽發言，安知非人之譖訴，當忍耐三思；因事相爭，焉知非我之不是？須平心暗想。施惠無念，受恩莫忘。凡事當留餘地，得意不宜再往。人有喜慶，不可生妒忌心；人有禍患，不可生欣幸心。善欲人見，不是真善；惡恐人知，便是大惡。見色而起淫心，報在妻女；匿怨而用暗箭，禍延子孫。家門和順，雖饔飧〔一〕不繼，亦有餘歡；國課早完，即囊橐無餘，自得至樂。讀書志在聖賢，非徒科第；爲官心存君國，守分安命，順時聽天。爲人若此，庶乎近焉。

【注释】

〔一〕饔飧（音雍孫）：飲食饗宴。饔：早飯；飧：晚飯。

張履祥

簡介 張履祥（一六一一——一六七四），字念夫，一字考夫，號楊園，浙江桐鄉人。明末清初著名理學家。本篇選自《楊園全書》。

訓子語（節選）

人不可孤立，孤立則危。殷紂以天子之尊，至於獨夫而亡，況其下乎？一家之親而外，在宗族當不失宗族之心，在親戚當不失親戚之心，以至鄉黨朋友亦如之，以至朝廷邦國亦如之。欲得其心非他，忠信以存心，敬慎以行己，平恕以接物而已。人情不遠，一人可處，則人人可處。尊長成其尊長，能教率卑幼；卑幼安其卑幼，能聽順尊長，雖目前衰落，已有勃興之勢。若其反此，目前雖隆，替可待也。

古人有言：『難得者兄弟，易得者財產。』

家之興替，全不繫乎富貴貧賤，存乎人之賢不肖耳。貧賤而好修飭行，興隆之道；富貴而縱恣背理，敗亡之轍也。

有田畝便當盡力開墾，有子孫便當盡力教誨。田疇不墾，寧免饑寒？子孫不教，能無敗亡？

有子不教，不獨在己薄其後嗣，兼使他人之女配非其人，終身受苦。有女失教，不特自貽他日之憂，亦使他人之子娶非其偶，累及家門。

天子之子，特重師傅之選，爲國家根本在是也。下自公卿大夫以逮士庶，顯晦貧富不同，其爲身家根本一而已。雖有美質，不教胡成？即使至愚，父母之心，安可不盡？中等之人，得教則從而上，失教則流而下。

子孫賢，子以及子，孫以及孫；子孫不肖，傾覆立見，可畏已。……盍思爲人父母，將以田宅金錢遺子之爲愛其子乎？抑以德義遺子之为爱其子乎？不肖之子，遺以田宅，转盼属之他人；遺以多金，適資喪身之具，孰若遺以德義之可以永世不替。

子弟童稚之年，父母師傅嚴者，异日多賢；寬者，多至不肖。嚴則督責笞撻之下，有以柔服其血氣，收束其身心，諸凡舉動，知所顧忌，而不敢肆。寬則姑息放縱，長傲恣情，百端過惡皆從此生也。

賢者必剛直，不肖者必柔佞；賢者必平正，不肖者必偏僻；賢者必虛公，不肖者必私繫；賢者必謙恭，不肖者必驕慢；賢者必敬慎，不肖者必恣肆；賢者必讓，不肖者必争；賢者必開誠，不肖者必險詐；賢者必特立，不肖者必附和；賢者必持重，不肖者必輕捷；賢者必樂成，不肖者必喜敗；賢者必韜晦，不肖者必裱襮；賢者必寬厚慈良，不肖者必苛刻殘忍……賢者必從容有常，不肖者必急猝更變；賢者必見其遠大，不肖者必見其近小；賢者必厚其所親，不肖者必薄其所親；賢者必行浮於言，不肖者必言過其實；賢者必後己先人，不肖者必先己後人；賢者必見善如不及，樂道人善，不肖者必妒賢嫉能，好稱人惡；賢者必不虐無告，不畏强禦，不肖者必柔則茹[一]之，剛則吐之。若此等類，正如白黑冰炭，昭然不同，舉之不盡，總不外公私義利而已。世謂知人之明不可學，予謂雖不能學，實則不可不學也。

【注釋】

〔一〕茹：吃。

王夫之

簡介 王夫之（一六一九—一六九二），字而農，號薑齋，世稱船山先生。湖南衡陽人。明末清初著名思想家。本文教育晚輩爲人做事，應首先脱去不好的習氣。

示子侄

立志之始，在脱習氣。習氣熏人，不醪而醉。其始無端，其終無謂。袖中揮拳，針尖競利。狂在須臾，九牛莫制。豈有丈夫，忍以身試。彼可憐憫，我實慚愧。前有千古，後有百世。廣延九州，旁及四裔。何所羈絡，何所拘執。焉有騏駒，隨行逐隊。無盡之財，豈吾之積。目前之人，皆吾之治。特不屑耳，豈爲吾累。瀟灑安康，天君無繫。亭亭鼎鼎，風光月霽。

以之讀書，得古人意。以之立身，踞豪傑地。以之事親，所養惟志。以之交友，所合惟義。惟其超越，是以和易。光芒燭天，芳菲匝地。深潭映碧，春山凝翠。壽考維祺，念之不昧。

汪輝祖

簡介 汪輝祖（一七三一——一八〇七），字煥曾，號龍莊、歸廬，浙江紹興府蕭山縣人。乾隆進士，著有《元史本證》等。《雙節堂庸訓》是作者立足于自己的人生，總結人世滄桑，糅合聖賢之道，以具有針對性和實用性的内容去訓導子孫如何適應社會，經受種種風浪、立身做人。

雙節堂庸訓（節選）

做人先立志

做人如行路，然舉步一錯，便歸正不易。必先有定志，始有定力。范文正做秀才時，即以天下爲己任。文信國爲童子時，見學宫所祠鄉先生歐陽修、楊邦乂、胡銓像皆謚『忠』，即欣然慕之曰：『没不俎豆〔一〕其間非夫也。』卒之范爲名臣，文爲忠臣。亦有悔過立志如周處，少時無賴，聞父老三害之言，殺虎斬蛟，折節厲學，終以忠勇著名，皆由志定也。故孟子曰：『懦夫有立志。』蓋不能立志，則長爲懦夫而已矣。

【注释】

〔一〕俎豆：祭祀用的兩種禮器。俎豆其間，意即自己要身列忠賢之中，與他們有同樣的品質。

孝以順爲先

『順親』二字，見于《中庸》。諺云：『孝不如順。』蓋孝無形而順有迹。順之未能，孝于何有？如謂父母亦有萬不當順之故，則幾諫一章〔一〕自有可措手處。玩紫陽[二]『愉色婉容』四字，何等委折？天下無不是之父母，必先引咎于己，方能歸善于親。一味戇直，激成父母于過，即所謂不順也。若欲與父母平分曲直，以己之是，形親之非，不孝由于不順，罪莫大焉。

【注释】

〔一〕幾諫一章，指《論語·里仁》一章。幾諫：婉轉地提出意見。

〔二〕紫陽：指朱熹，號紫陽。

佳子弟多由母賢

婦人賢明，子女自然端淑。今雖胎教不講，然子稟母氣，一定之理。其母既無不孝不弟之念，又無非道非義之心，子女稟受端正，必無戾氣。稍有知識，不導以誑語、引以詈人，後來蒙養較易。婦人不賢，子則無以裕其後，女則或以誤其夫。故婦人關係最重。

謹財用出入

不惟寒素之家用財以節，幸處豐泰，尤當准入量出。一日多費十錢，百日即多費千錢，『不節若則嗟若』。富家兒一敗塗地，皆由不知節用而起。

儉非勤不可

余言：佐治、學治，皆以勤爲本。治家亦然。不惟貧者力食，非勤不可；即富者租息之增減，管鑰之出納，無一不須籌畫。婢媪之功、僮奴之課，不歷歷鈎稽〔一〕，則怠者不儆，勞者無勸，未有不相率而歸于惰者。至賓祭酬酢，在在皆關心力。不則，濡遲誤事，簡略貽譏。勝我者以爲慢，不如我者以爲驕，慢與驕，咎所由起也。諺曰：『男也勤，女也勤，三餐茶飯不求人。女也懶，男也懶，千百萬畝終討飯。』蓋諺也，而深于道矣。

【注释】

〔一〕鈎：探究；稽：核查。

攀高親無益

嫁女勝吾家，娶婦不如吾家，

勤俭持家

則女子能執婦道。前賢慮事極周。世俗多援係之見，無論嫁娶，總惟勝己者是求。夫富與富接，貴與貴比，人情也。兩家地位相當，自爾往來稠密。稍分高下，漸判親疏，勢實使然，賢者不免。故五倫之内，不綴姻親，氣誼浹洽，即爲朋友。如不相孚，雖姻何益。

勿營多藏

力求儲積爲子孫計，非不善也。然子孫之賢者，不賴祖父基業；苟其不肖，多財何益？天下總無聚而不散之理。苦求其聚，凡可以自利者，無所不至，陰謀曲構，鬼笑人詛。聚之愈巧，散之愈速。惟勤儉所遺，庶幾久遠耳。

宜儲書籍

『遺金滿籯，不如一經』，古人所以稱書爲良田也。暴發之户，非無秀彦，苦于無書可讀，虚負聰明。爲父兄者，早爲儲蓄，俾知開卷有益之故。中人以上，固可望爲通儒；中人以下，亦可免爲俗物。或謂書非急需，急而求售，必虧原直。嗚呼！是薄待子孫之説也。子孫至于售書，不才極矣。以購書之資置産，終歸罄蕩。若其才者，則讀家藏書籍，大用大效，小用小效，又豈必以資産爲憑藉哉！

處事宜小心

事無大小，粗疏必誤。一事到手，總須慎始慮終，通籌全局，不致忤人累己，方可次第施行。諸葛武侯萬古名臣，只在小心謹慎。吕新吾先生坤《吕語集粹》曰：『待人三自反，處事兩如何。』小心之説也。余嘗書以自儆，覺數十年受益甚多。

寧吃虧

俗以『忠厚』二字爲『無用』之别名，非達話也。凡可以損人利己之方，力皆能爲而不肯爲。是謂宅心忠待物厚。忠厚者，往往吃虧，爲儇薄人[一]所笑。然至竟不獲大咎。林退齋先生遺訓曰：『若等只要學吃虧。』從古英雄只爲不能吃虧，害多少事？能學吃虧充之，即是聖賢克己工夫。

【注释】

[一]儇（音宣）：輕佻。儇薄人，即輕佻的人。

勿任性

不如意事常八九。事之可以競氣[一]者，多矣。原競氣之由，起于任性。性躁則氣動，氣動則忿生，忿生則念念皆偏。在朝、在野，無一而可。到氣動時，再反身理會一番，曲意按奈，自認一句不是，人便氣平；讓人一句是，我愈得體。

【注释】

〔一〕競：動。競氣，動氣，生氣。

信不可失

以身涉世，莫要于信。此事非可襲取，一事失信，便無事不使人疑。果能事事取信於人，即偶有錯誤，人亦諒之。吾無他長，惟不敢作誑語。

生平所歷，愆尤不少，然宗族姻黨，仕宦交游，倖免齟齬。皆曰某不失信也。古云：『言語虛花，到老終無結果。』如之何弗懼！

須予人可近

春夏發生，秋冬肅殺，天道也。惟人亦然。有春夏温和之氣者，類多福澤；專秋冬嚴凝之氣者，類多枯槁。固要岩岩特立，令人不可干犯，亦須有藹然氣象，予人可近。孤芳自賞，畢竟無興旺之福。

受恩不可不報

士君子欲求自立，受恩之名，斷不可居。事勢所處，不得不受人恩，即當刻刻在念，力圖酬報。如事過輒忘，施者縱不自功，亦問心有愧。

父嚴不如母嚴

家有嚴君，父母之謂也。自母主于慈，而嚴歸于父矣。其實，子與母最近，子之所爲，母無不知，遇事訓誨，母教尤易。若母爲護短，父安能盡知？至少成習慣，父始懲之于後，其勢常有所不及。慈母多格，男有所恃也。故教子之法，父嚴不如母嚴。

慈母教子

擇友有道

人不易知，知人亦復不易。居家能倫紀周篤〔一〕，處世能財帛分明，其人必性情真摯，可以倚賴。若其人專圖利便，不顧譏評，縱有才能，斷不可信。輕與結納，鮮不受累。或云『略行取才』，亦是一法，然千古君子之受害于小人，多是『憐才』二字誤之。

【注释】

〔一〕篤：堅定。

讀書明理

宜常念忠恕之道

余數十年間閱事，方悟忠恕之道須臾不可離。蓋心有一毫不盡，事必無成。只知有己而不知有人，必到處窒碍。覺『忠恕』二字理，日在人眼前。不常存此心，微特不能希賢希聖，即求爲尋常寡過之人，亦不可得。

聖賢實可學而至

孟子謂『人皆可以爲堯舜』，止在『孝弟』二字，原非强人所難。讀孔子『老安』數語，益知聖賢之道，事事切近。人未有不欲安我之老，信我之友，懷我之幼者。特我之外不暇計耳。去一『我』字，擴而充之，便是天下一家氣象。聖賢何嘗不可學而至哉！

愛新覺羅·玄燁

簡介 愛新覺羅·玄燁（一六五四—一七二二），清聖祖康熙帝。在位六十一年，好學敏求，勤于政事，雄才大略，崇尚節約，開創了我國封建社會最後一個繁榮時期『康乾盛世』。《庭訓格言》體現了康熙帝對子孫的嚴格督促與教育，他特別注意對皇子們施以道德教育，努力進行與他們身份相稱的各種訓練，以期自己的事業能够永久傳承，千秋萬代。

庭訓格言（節選）

爲人上者，用人雖宜信，然亦不可遽信。在下者，常視上意所嚮，而巧以投之，一有偏好，則下必投其所好以誘之。朕於諸藝無所不能，爾等曾見我偏好一藝乎？是故凡藝俱不能溺我。

凡看書不爲書所愚，始善。

爾等凡居家在外，惟宜潔净。人平日潔净，則清氣著身；若近污穢，則爲濁氣所染，而清明之氣漸爲所蒙蔽矣。

讀書以明理爲要，理既明則中心有主，而是非邪正自判矣。

《易》云：『日新之謂盛德。』學者一日必進一步，方不虛度時日。……人苟能有決定不移之志，勇猛精進，而又貞常永固，毫不退轉，則凡技藝，焉有不成者哉？

凡人盡孝道，欲得父母之歡心者，不在衣食之奉養也。惟持善心，行合道理，以慰父母，而得其歡心。斯可謂真孝者矣。

人果專心于一藝一技，則心不外馳，于身有益。

凡人持身處世，惟當以恕存心。見人有得意事，便當生歡喜心；見人有失意事，便當生憐憫心。

夫一言可以得人心，而一言亦可以失人心也。

人生凡事固有定數，然而其中以人力奪天工者有之。

人于好惡之心，難得其正。我所喜之人，惟見其善，而不見其惡；若所惡之人，惟見其惡，而不見其善。是故《大學》有云：『好而知其惡，惡而知其美者，天下鮮矣。』誠至言也。

《荀子》云：『身勞而心安者爲之，利少而義多者爲之。』此二語簡而要。人之一世能依此二語行之，過差何由而生。

朱子云：『讀書之法，當循序而有常，致一而不懈，從容乎句讀、文義之間，而體驗乎操存、踐履之實。然後心靜理明，漸見意味。不然則雖廣求博取，日誦五車，亦奚益於學哉？』此言乃讀書之至要也。人之讀書，本欲存諸心、體諸身，而求實得於己也。如不然，將書泛然讀之何用？凡讀書人皆宜奉此以爲訓也。

爲學之功，不在日用之外，檢身則謹言慎行，居則事親敬長，窮理則讀書講義。……用一日之力，便有一日之效。

爲學之功有三等焉。汲汲然者，上也；悠悠然者，次也；懵懵然者，又其次也。然而懵懵者非不向學，心未達也。誘而達之，安知懵懵者之不爲汲汲也？惟悠悠者最爲害道，因循苟且，一暴十寒，以至皓首没世，亦猶夫人而已。古之聖人，進修貴勇，如湯之《盤銘》曰：『苟日新，日日新，又日新。』夫豈有瞬息悠悠之意哉？

張英

簡介 張英（一六三七—一七〇八），字敦複，號樂圃，桐城人。康熙進士，官至禮部尚書。著有《篤素堂文集》等。《聰訓齋語》二卷，主要分爲『立品』『讀書』『養身』『擇友』四大綱目，話語平實，言詞懇切。

聰訓齋語（節選）

立訓四語

圃翁曰：聖賢領要之語曰：『人心惟危，道心惟微。』危者，嗜欲之心，如堤之束水，其潰甚易，一潰則不可復收也。微者，理義之心，如帷之映鐙，若隱若現，見之難而晦之易也。人心至靈至動，不可過勞，亦不可過逸，惟讀書可以養之。每見堪輿家平日用磁石養針，書卷乃養心第一妙物。閑適無事之人，鎮日不觀書，則起居出入，身心無所栖泊，耳目無所安頓，勢必心意顛倒，妄想生嗔，處逆境不樂，處順境亦不樂。每見人栖栖皇皇，覺舉動無不碍者，此必不讀書之人也。古人有言：掃地焚香，清福已具。其有福者，佐以讀書；其無福者，便生他想。旨哉斯言，予所深賞。

且從來拂意之事，自不讀書者見之，似爲我所獨遭，極其難堪；不知古人拂意之事，有百倍於此者，特不細心體驗耳。即如東坡先生，殁後遭逢高孝，文字始出，名震千古；而當時之憂讒畏譏，困頓轉徙潮惠之間，蘇過跣足涉水，居近牛欄，是何如境界？又如白香山之無嗣，陸放翁之忍饑，皆載在書卷。彼獨非千載聞人？而所遇皆如此。誠一平心静觀，則人間拂意之事，可以涣然冰釋。若不讀書，則但見我所遭甚苦，而無窮怨尤嗔忿之心，燒灼不寧，其苦爲何如耶！且富盛之事，古人亦有之，炙手可熱，轉眼皆空。故讀書可以增長道心，爲頤養第一事也。

予之立訓，更無多言，止有四語：讀書者不賤，守田者不饑，積德者不傾，擇交者不敗。嘗將四語律身訓子，亦不用煩言夥説矣。雖至寒苦之人，但能讀書爲文，必使人欽敬，不敢忽視。其人德性亦必温和，行事决不顛倒，不在功名之得失、遇合之遲速也。守田之説，詳於《恒産瑣言》。積德之説，六經、《語》、《孟》、諸史百家，無非闡發此義，不須贅説。擇交之説，予目擊身歷，最爲深切。此輩毒人，如鴆之入口，蛇之螫膚，斷斷不易，决無解救之説，尤四者之綱領也。余言無奇，止布帛菽粟，可衣可食，但在體驗親切耳。

人生四事

圃翁曰：人生必厚重沉静，而後爲載福之器。思盡人子之責，報父祖之恩，致鄉里之譽，詒後人之澤，唯有四事：一曰立品，二曰讀書，三曰養身，四曰儉用。世家子弟原是貴重，更得精金美玉之品，言思可道，行思可法，不驕盈、不詐僞、不刻薄、不輕佻，則人之欽重較三公而更貴。

保家莫如擇友

人生以擇友爲第一事。自就塾以後，有室有家，漸遠父母之教，初離師保之嚴。此時乍得友朋，投契締交，其言甘如蘭芷，甚至父母兄弟妻子之言，皆不聽受，惟朋友之言是信。一有匪人側於間，德性未定，識見未純，断未有不爲其所移者。余見此屢矣。至仕宦之子弟尤甚，一入其轂中，迷而不悟，脱有尊長誡諭，反生嫌隙，益滋乖張。故余家訓有云：『保家莫如擇友。』蓋痛心疾首其言之也。

人生適意事三

圃翁曰：人生適意之事有三，曰貴，曰富，曰多子孫。然是三者，善處之則爲福，不善處之則足爲累。至爲累而求所謂福者，不可見矣。何則？高位者責備之地，忌嫉之門，怨尤之府，利害之關，憂患之窟，勞苦之藪，謗訕之的，攻擊之場：古之智人，往往望而却步。況有榮則必有辱，有得則必有失，有進則必有退，有親則必有疏；若但計丘山之得，而不容銖兩之失，天下安有此理？但己身無大譴過，而外來者平淡視之，此處貴之道也。

佛家以貨財爲五家公共之物：一曰國家，二曰官吏，三曰水火，四曰盜賊，五曰不肖子孫。夫人厚積，則必經營布置、生息防守，其勞不可勝言；則必有親戚之請求，貧窮之怨望，僮僕之奸騙；大而盜賊之劫取，小而穿窬之鼠竊；經商之虧折，行路之失脱，田禾之灾傷，攘奪之争訟，子弟之浪費；種種之苦，貧者不知，惟富厚者兼而有之。人能知富之爲累，則取之當廉，而不必厚積以招怨；視之當淡，而不必深忮以累心。思我既有此財貨，彼貧窮者不取我而取誰？不怨我而怨誰？平心息忿，庶不爲外物所累。儉於居身，而裕於待物；薄於取利，而謹於蓋藏，此處富之道也。

至子孫之累尤多矣。少小則有疾病之慮，稍長則有功名之慮，浮奢不善治家之慮，納交匪類之慮。一離膝下，則有道路寒暑饑渴之慮，以至由子而孫，展轉無窮，更無底止。夫年壽既高，子息蕃衍，焉能保其無疾病痛楚之事？賢愚不齊，升沉各异，聚散無恒，憂樂自别。但當教之孝友，教之謙讓，教之立品，教之讀書，教之擇友，教之養身，教之儉用，教之作家。其成敗利鈍，父母不必過爲縈心；聚散苦樂，父母不必憂念成疾。但視己無甚刻薄，後人當無倍出之患；己無大偏私，後人自無攘奪之患；己無甚貪婪，後人自當無蕩盡之患。至於天行之數，禀賦之愚，有才而不遇，無因而致疾，延良醫慎調治，延良師謹教訓，父母之責盡矣！父母之心盡矣！此處多子孫之道也。

予每見世人處好境而鬱鬱不快，動多悔吝憂戚，必皆此三者之故。由不明斯理，是以心褊見隘，未食其報，先受其苦。能静體吾言，於擾擾之中，存熒熒之亮，豈非熱火坑中一服清凉散，苦海波中一架八寶筏哉？

汪帷憲

簡介 汪帷憲，生卒年不詳，杭州人。工書法。《寒燈絮語》主要是訓誡子弟要刻苦讀書，掌握正確的學習方法，持之以恒，細心耐久。

寒燈絮語（節選）

古人讀書貴精不貴多。非不事多也，積少以至多，則雖多而不雜，可無遺忘之患。此其道如長日之加益，而人頗不覺也。是故由少而多，而精在其中矣。一言以蔽之，曰：無間斷。間斷之害，甚於不學。有人於此，自其幼時嬉戲無度，及長始知向學，深嗜篤好，人雖休，吾弗休，人將卧，吾弗卧，不數年便可成就。蘇明允年二十七纔大發憤，謝其往來少年，閉户讀書，卒爲大儒。此可證已。若名爲士人而悠悠忽忽，一暴十寒，人生幾何？凡所謂百年者，皆妄也。必也甫離成童，即排歲月，次第爲之。以中下之資自居，每日限讀書若干。一歲之中，除去慶唁祭掃交接游晏之事，大率以二百七十日爲斷。此二百七十日中，須嚴立課程，守其道而無變，十年之間，經書可畢。且如此繩繩不已，則資之鈍者亦敏，而書可漸增。再加十年，子、史、古文俱漸次可畢矣。……大要在無間斷耳。此三字當大書特書於門牖窗壁間，時時觸目自省。

觀大部書須細心，須耐久。伊川先生每讀史到一半，便掩捲思其成敗，然後再看。有不合處，又更思之。此耐久而細心也。司馬温公自言：『吾爲《資治通鑒》，人多欲求觀讀，未終一紙，已欠伸思睡，能閱終篇者，惟王勝之。』此大概不耐久。而其不肯細心，尤可見也。

鄭燮

簡介 鄭燮（一六九三—一七六五），字克柔，號板橋，興化人。乾隆進士，曾任山東范縣知縣。著名書畫家、文學家。《諭麟兒》是作者在山東爲官時寫給兒子的信，告誡爲人處世不可有傲氣。《寄舍弟墨》則是作者于山東任上寫給留在家中主持家務的弟弟的數篇家書之一，此篇主要告誡教育子女不可一味寵溺。

再諭麟兒

吾壯年好罵人，所罵者都屬推廓不開之假斯文。异乎當世恃才傲物者之罵人，動謂人不如我，見鄉墨則罵舉人不通，見會墨則罵進士不通。未入學者，見秀才考卷，則罵秀才不通。既然目空一世，自己之爲文，必能遠勝于人，詎知實際非特不能勝人，反不如所罵之秀才、舉人、進士遠甚。所爲不反求諸己，徒見他人之不通。自己傲氣既長，不肯用功深造，而眼高手低，握管作文，自嫌弗及不通秀才，免得獻醜，索性擱筆不爲文，于是潦倒終身，永無寸進。余壯年傲氣亦盛，而對于勝我者，却肯低頭降伏。見佳文，愛之不肯釋手，雖百讀不厭，故能僥幸成名。然亦四下鄉場，始得脱穎而出，亦爲傲氣所阻也。至今思之，猶如芒刺在背。爾資質鈍，賴李師辛苦栽培之力，得以冠年入場。初試原爲觀場計，李師與我，皆不望爾一試成名，不過有此一度經驗，下届入場，便老練而不起恐慌。一試不售，奚可即出怨言？只須自知文字不佳，下帷攻苦，既有名師指導，進步較易。苟火到功深，取青紫易如拾芥也。細思吾言而力行之，予有厚望焉。

余五十二歲始得一子，豈有不愛之理！然愛之必以其道，雖嬉戲頑耍，務令忠厚悱惻，毋爲刻急也。平生最不喜籠中養鳥，我圖娱悦，彼在囚牢，何情何理，而必屈物之性以適吾性乎！至于髮繫蜻蜓，綫縛螃蟹，爲小兒頑具，不過一時片刻便摺拉而死。夫天地生物，化育劬勞〔一〕，一蟻一蟲，皆本陰陽五行之氣絪緼而出。上帝亦心心愛念。而萬物之性人爲貴，吾輩竟不能體天之心以爲心，萬物將何所托命乎？蛇蚖、蜈蚣、豺狼、虎豹，蟲之最毒者也，然天既生之，我何得而殺之？若必欲盡殺，天地又何必生？亦惟驅之使遠，避之使不相害而已。蜘蛛結網，于人何罪，或謂其夜間咒月，令人墻傾壁倒，遂擊殺無遺。此等説話，出于何經何典，而遂以此殘物之命，可乎哉？可乎哉？我不在家，兒子便是你管束。

要須長其忠厚之情，驅其殘忍之性，不得以爲猶子〔二〕而姑縱惜也。家人兒女，總是天地間一般人，當一般愛惜，不可使吾兒淩虐他。凡魚飧果餅，宜均分散給，大家歡嬉跳躍。若吾兒坐食好物，令家人子遠立而望，不得一沾脣齒；其父母見而憐之，無可如何，呼之使去，豈非割心剜肉乎！夫讀書中舉中進士作官，此是小事，第一要明理作個好人。可將此書讀與郭嫂、饒嫂聽，使二婦人知愛子之道在此不在彼也。

【注释】

〔一〕劬（音渠）：勞苦。劬勞：辛苦，勞累。

〔二〕猶子：侄子的代稱。

彭端淑

簡介 彭端淑（約一六九九—約一七七九），字樂齋，號儀一，四川丹棱人。雍正進士，曾任吏部郎中等職。後辭官回家，在四川錦江書院講學。《爲學》是一篇著名的家訓，告誡子侄做事、爲學的成功與否取决于自身的努力。

爲學

天下事有難易乎？爲之，則難者亦易矣；不爲，則易者亦難矣。人之爲學有難易乎？學之，則難者亦易矣；不學，則易者亦難矣。吾資之昏，不逮人也；吾材之庸，逮人也。旦旦而學之，久而不怠焉。迄乎成，而亦不知其昏與庸也。吾資之聰倍人也，吾材之敏倍人也，屏弃而不用，其與昏與庸無以异也。聖人之道，卒於魯也傳之。然則昏庸聰敏之用，豈有常哉？

蜀之鄙有二僧，其一貧，其一富。貧者語於富者曰：『吾欲之南海，何如？』富者曰：『子何恃而往？』曰：『吾一瓶一鉢足矣。』富者曰：『吾數年來欲買舟而下，猶未能也。子何恃而往？』越明年，貧者自南海還，以告富者。富者有慚色。西蜀之去南海，不知幾千里也，僧之富者不能至，而貧者至之。人之立志，顧不如蜀鄙之僧哉！

是故聰與敏，可恃而不可恃也；自恃其聰與敏而不學者，自敗者也。昏與庸，可限而不可限也；不自限其昏與庸而力學不倦者，自力者也。

袁枚

簡介　袁枚（一七一六——一七九七），字子才，號簡齋，晚年自號倉山居士、隨園主人、隨園老人，錢塘（今浙江杭州）人。清代詩人、詩論家。著有《小倉山房文集》《隨園詩話》等。

與香亭

阿通年十七矣，飽食暖衣，讀書懶惰。欲其知考試之難，故命考上元以勞苦之，非望其入學也。如果入學，便入江寧籍貫，祖宗丘墓之鄉，一旦捐弃，揆之齊太公五世葬周之義，于我心有戚戚焉。兩兒俱不與金陵人聯姻，正爲此也。不料此地諸生，竟以冒籍控官。我不以爲怨，而以爲德。何也？以其實獲我心故也。不料弟與紓亭大爲不平，引成例千言，赴

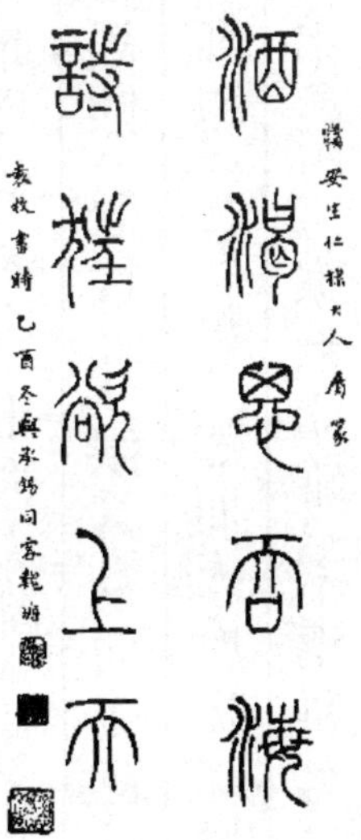

袁枚書法

訴于縣。我以爲真客氣也。

夫才不才者本也，考不考者末也。兒果才，則試金陵可，試武林可，即不試亦可。兒果不才，則試金陵不可，試武林不可，必不試廢業而後可。爲父兄者，不教以讀書學文，而徒與他人爭閑氣，何不揣其本而齊其末哉！知子莫若父，阿通文理粗浮，與『秀才』二字相離尚遠。若以爲此地文風不如杭州，容易入學，此之謂不與齊楚爭强，而甘與江黄競伯，何其薄待兒孫，貽謀之可鄙哉！子路曰：『君子之仕也，行其義也。』非貪爵禄榮耀也。李鶴峰中丞之女葉夫人《慰兒落第詩》云：『當年蓬矢桑弧意，豈爲科名始讀書？』大哉言乎！閨閣中有此見解，今之士大夫都應羞死。要知此理不明，雖得科名作高官，必至誤國、誤民，并誤其身而後已。無基而厚墉，雖高必顛，非所以愛之，實所以害之也。然而人所處之境，亦復不同，有不得不求科名者，如我與弟是也。家無立錐，不得科名，則此身衣食無著。陶淵明云：『聊欲弦歌，以爲三徑之資。』非得已也。有可以不求科名者，如阿通、阿長是也。我弟兄遭逢盛世，清俸之餘，薄有田產，兒輩可以度日，倘能安分守己，無險情贅行，如馬少游所云『騎款段馬，作鄉黨之善人』，是即吾家之佳子弟，老夫死亦瞑目矣，尚何敢妄有所希冀哉！

不特此也。我閲歷人世七十年，嘗見天下多冤枉事。有剛悍之才，不爲丈夫而偏作婦人者；有柔懦之性，不爲女子而偏作丈夫者；有其才不過工匠、農夫，而枉作士大夫者；有其才可以爲士大夫，而屈作工匠、村農者。偶然遭際，遂戕賊杞柳以爲桮棬〔一〕，殊可浩嘆！《中庸》先言『率性之謂道』，再言『修道之謂教』，蓋言性之所無，雖教亦無益也。孔、孟深明此理，故孔教伯魚不過學《詩》學《禮》，義方之訓，輕描淡寫，流水行雲，絶無督責。倘使當時不趨庭，不獨立，或伯魚謬對以《詩》《禮》之已學，或藐應父命，退而不學《詩》，不學《禮》，夫子竟聽其言而信其行耶？不視其所以察其所安耶？何嚴於他人，而寬於兒子耶？至孟子則云：『父子之間不責善。』且以責善爲不祥。似乎孟子之子尚不如伯魚，故不屑教誨，致傷和氣，被公孫丑一問，不得不權詞相答。而至今卒不知孟子之子爲何人，豈非聖賢不甚望子之明效大驗哉？善乎北齊顔之推曰：『子孫者，不過天地間一蒼生耳，與我何與，而世人過於寶惜愛護之。』此真達人之見，不可不知。

有門下士，因阿通不考爲我怏怏者，又有爲我再三畫策者。余笑而應之，曰：『許由能讓天下，而其家人猶愛惜其皮冠；鷦鷯愁風凰無處棲宿，爲謀一瓦縫以居之。諸公愛我，何以异兹？韓、柳、歐、蘇，誰是靠兒孫俎豆者？箕疇五福，兒孫不與焉。』附及之，以解弟與紓亭之惑。

【注释】

〔一〕桮棬（音杯圈）：語出《孟子·告子上》：『以杞柳爲桮棬。』焦循正義：『蓋桮爲總名，其未雕未飾時，名其質爲棬。』

紀昀

簡介 紀昀（一七二四—一八〇五），字曉嵐，一字春帆，晚號石雲，道號觀弈道人，謚文達。乾隆進士，歷任編修、侍讀學士、內閣學士等職，多次主持科舉考試，領導修纂《四庫全書》等多種重要文獻，清代中期政治重臣、著名學者。著有《四庫全書總目提要》《閱微草堂筆記》等。所選兩文叮囑妻子持家之道，教育子弟修身養性。

寄內子·論教子

父母同負教育子女責任，今我寄旅京華，義方之教，責在爾躬。而婦女心性，偏愛者多，殊不知愛之不以其道，反足以害之焉。其道維何？約言之有四戒四宜：一戒晏起，二戒懶惰，三戒奢華，四戒驕傲。既守四戒，又須規以四宜：一宜勤讀，二宜敬師，三宜愛衆，四宜慎食。以上八則，爲教子之金科玉律，爾宜銘諸肺腑，時時以之教誨三子。雖僅十六字，渾括無窮，爾宜細細領會，後輩之成功立業，盡在其中焉。書不一一，容後續告。

教子勤作

訓次兒·不宜盛氣凌人

當世宦家子弟，每盛氣凌轢〔一〕，以邀人敬，謂之自重，不知重與不重，視所自爲。苟道德無愧於賢者，雖王侯擁彗〔二〕不爲榮，雖胥縻版築〔三〕不能辱。可貴者在我，在外者不足計耳。如必以在外爲重輕，待人敬我我乃榮，人不敬我我即辱，則輿臺僕妾，皆可以自操榮辱，毋乃自視太輕耶。先師陳白崖先生嘗手題於書言曰：『事能知足心常愜，人到無求品自高。』斯真標本之論。爾當録作座右銘，終身行之，便是令子〔四〕。

【注释】〔一〕凌轢：侵犯，欺壓。轢（音栗）：車輪碾壓。

〔二〕擁彗：拿着掃帚。迎接貴賓，執帚却行，以示敬意。

〔三〕胥縻：古代服勞役的刑徒。版築：築墻用的夾板。比喻勞作。

〔四〕令子：好兒子。

林則徐

簡介 林則徐（一七八五—一八五〇），字元撫，又字少穆，福建侯官人。歷任翰林編修、監察御史、湖廣總督、雲貴總督等要職，曾于廣州虎門當衆銷毀英美商人鴉片，是著名的民族英雄。以下選自《林則徐家書》。

訓大兒汝舟・誥誡持躬宜勤敬和睦

字諭汝舟兒：爾叨蒙天恩高厚，祖宗積德，年纔二十八，已成進士，授職編修，是爲僥幸成名，切不可自滿。宜守三戒：一戒傲慢，二戒奢華，三戒浮躁。爾既奉母弟居京華，務宜體我寸心，常持勤敬與和睦。凡家庭間能守得幾分勤敬，未有不興；能守得幾分和睦，未有不發。若不

林則徐像

勤不和之家，未有不敗者也。爾昔在侯官，將此四字於族戚人家驗之，必以吾言爲有證也。爾性懶，書案上詩文亂堆，不好收拾潔净。此是敗家氣象，嗣後務宜痛改，細心收拾。即一紙一縷，皆宜檢拾伶俐，以爲弟輩之榜樣。勿以爲是公子，是編修，一舉一動皆須人服侍也。爾能勤，二弟皆學勤；爾能和，二弟皆學和；爾能孝，二弟皆學孝。爾爲一家之表率，慎之慎之。

覆長兒汝舟·勸諭回籍

大兒知悉：接來信，知吾兒三載在外，十月内將回籍一次，并順道沿海路來粤一游，甚爲欣慰。吾兒三載離鄉，汝母汝婦，雖在家安居，然或則倚閭望兒，或則登樓思夫。客子歸鄉，天倫之樂融如。吾兒有此家思，不以外物而攖情，爲父殊深喜許。父十一載在外，雖坐八軒，食方丈，意氣豪然，然一念及家中狀况，覺居官雖好，不如還鄉。特以君恩深重，公務冗忙，有志未能申耳。吾兒在都，位不過司務，旅進旅退，毫無建樹。而一官在身，學業反多荒弃。誠不如暫時回籍之尚得事母持家，且可重温故業，與古人爲友，足以長進學識也。男兒讀書，本爲致君澤民。然四十而仕，尚未爲遲。吾兒年方三十，不過君恩高厚，邀幸成名，何德能才，而能居此。交友日益多，志氣日益損，閲歷未深，而遽服官，實非載福之道。爲父平日所以不言者，恐阻汝壯志，長汝暮氣。今吾兒既日知汲長綆短，思告假回籍，孝以事母，静以修學，實先得吾心，又何阻爲？唯有一言囑汝者：服官時應時時作歸計，勿貪利禄，勿戀權位；而一旦歸家，則又應時時作用世計，勿兒女情長，勿荒弃學業，須磨勵自修，以爲一旦之用。是則用舍行藏，無施不可矣。吾兒其牢記之。邇來身體如何，須加意當心。父年事雖高，然精神甚旺，飯量更較前增高。汝母在家，亦甚康健，可勿深念。汝弟秋闈〔一〕，雖蒙薦卷，未能入彀〔二〕。此正才力不足，未可怨天尤人，聞甚鬱抑。吾兒寄家書時，可以善言婉勸之，父有不便言焉。來書字迹頗潦草，何匆促至是，後宜戒之。元撫手諭。

【注释】〔一〕秋闈：古代科舉鄉試于八月舉行，稱秋闈。闈指科舉考場。

〔二〕入彀（音够）：指科舉應試中式。

訓次兒聰彝・誥誡督弟勤讀

字諭聰彝兒：爾兄在京供職，余又遠戍塞外，惟爾奉母與弟妹居家，責任綦重。所當謹守者有五：一須勤讀敬師，二須孝順奉母，三須友于愛弟，四須和睦親戚，五須愛惜光陰。爾今年已十九矣。余年十三補弟子員，二十舉於鄉。爾兄十六入泮[一]，二十二登賢書。爾今猶是青衿一領。本則三子中，惟爾資質最鈍，余固不望爾成名，但望爾成一拘謹篤實子弟。爾若堪弃文學稼，是余所最欣喜者。蓋農居四民之首，爲世間第一等最高貴之人，所以余在江蘇時，即囑爾母購置北郭隙地，建築別墅，并收買四圍糧田四十畝，自行耕種，即爲爾與拱兒預爲學耕稼之謀。爾今已爲秀才矣，就此拋撇詩文，常居別墅，隨工人以學習耕作，黎明即起，終日勤動而不知倦，便是長田園之好子弟。至於拱兒，年僅十三，猶是白丁，尚非學稼之年，宜督其勤懇用功。姚師乃侯官名師，及門弟子領鄉薦、捷禮闈者，不勝僂指計。其所改拱兒之窗課，能將不通語句，改易數字，便成警句。如此聖手，莫説侯官士林中都推重爲名師，祇恐遍中國亦罕有第二人也。拱兒既得此名師，若不發憤攻苦，太不長進矣。前月寄來窗課五篇，文理尚通，惟筆下太嫌枯澀，此乃欠缺看書功夫之故。爾宜督其愛惜光陰。除誦讀作文外，餘暇須批閱史籍；惟每看一種，須自首至末，詳細閱完，然後再易他種，最忌東拉西扯，閱過即忘，無補實用。并須預備看書日記册，遇有心得，隨手摘録。苟有費解或疑問，亦須摘出，請姚師講解，則獲益良多矣。

【注释】

〔一〕入泮（音判）：指考中秀才。泮：指泮宫，古代學官、學校。

曾國藩

簡介 曾國藩（一八一一—一八七二），字滌生，號伯涵，湖南湘鄉人。道光進士。創辦湘軍，官至兩江、直隸總督。《曾國藩家書》是曾國藩在三十餘年的政治和軍事生涯裏，給長輩、兄弟、妻子、兒女寫的千餘封家書合集，内容豐富，文辭精闢。以下擇選九篇，涵蓋了告誡家人爲人、處事、讀書、修身等多方面的内容。

禀父母·教弟注重看書

男國藩跪禀父母親大人萬福金安：八月二十九日男發第十號信，備載廿八生女及率五回南事，不知已收到否？男身體平安。冢婦月内甚好，去年月裏有病，今年盡除去。孫兒女皆好。初十日順天鄉試發榜，湖南中三人，長沙周荇農中南元原名康立。率五之歸，本擬附家心齋處，因率五不願坐車，故附陳岱雲之弟處同坐糧船。昨岱雲自天津歸，云船不甚好。男頗不放心。幸船上人多，應可無慮。

諸弟考試後，盡肄業小羅巷庵，不知勤惰若何？此時惟季弟較小，三弟俱年過二十，總以看書爲主。我境惟彭薄墅先生看書略多，自後無一人講究者，大抵爲考試文章所誤。殊不知看書與考試全不相礙，彼不看書者，亦仍不利考如故也。我家諸弟此時無論考試之利不利，無論文章之工不工，總以看書爲急。不然，則年歲日長，科名無成，學問亦無一字可靠，將來求爲塾師而不可得。或經或史，或詩集文集，每日總宜看二十頁。

男今年以來無日不看書，雖萬事業忙，亦不廢正業。聞九弟意欲與劉霞仙同伴讀書。霞仙近來見道甚有所得，九弟若去，應有進益，望大人斟酌行之，男不敢自主。此事在九弟自爲定計，若愧奮直前，有破釜沉舟之志，則遠游不負。若徒悠忽因遁，則近處儘可度日，何必遠行百里外哉？求大人察九弟之志而定計焉。餘容續呈。男謹禀。（道光二十四年九月十九日）

諭紀鴻

字諭紀鴻兒：家中人來營者，多稱爾舉止大方，余爲少慰。凡人多望子孫爲大官，余不願爲大官，但願爲讀書明理之君子。勤儉自持，習勞習苦，可以處樂，可以處約，此君子也。余服官二十年，不敢稍染官宦氣習，飲食起居，尚守寒素家風。極儉也可，略豐也可，太豐則吾不敢也。凡仕宦之家，由儉入奢易，由奢返儉難。爾年尚幼，切不可貪愛奢華，不可慣習懶惰。無論大家小家、士農工商，勤苦儉約，未有不興，驕奢倦怠，未有不敗。爾讀書寫字不可間斷。早晨要早起，莫墜高曾祖考以來相傳之家風。吾父吾叔皆黎明即起，爾之所知也。

凡富貴功名，皆有命定，半由人力，半由天事。惟學作聖賢，全由自己作主，不與天命相干涉。吾有志學爲聖賢，少時欠居敬工夫，至今猶不免偶有戲言戲動。爾宜舉止端莊，言不妄發，則入德之基也。手諭。時在江西撫州門外。（咸豐六年十月二十九日）

諭紀澤（節選）

昔吾祖星岡公最講求治家之法，第一起早，第二打掃潔凈，第三誠修祭祀，第四善待親族鄰里。凡親族鄰里來家，無不恭敬款接，有急必周濟之，有訟必排

解之，有喜必慶賀之，有疾必問，有喪必吊。（咸豐十年閏三月初四日）

諭紀澤紀鴻·子弟八本（節選）

吾教子弟不離八本、三致祥。八者曰：讀古書以訓詁爲本，作詩文以聲調爲本，養親以得歡心爲本，養生以少惱怒爲本，立身以不妄語爲本，治家以不晏起爲本，居官以不要錢爲本，行軍以不擾民爲本。三者曰：孝致祥，勤致祥，恕致祥。吾父竹亭公之教人，則專重孝字。其少壯敬親，暮年愛親，出于至誠。故吾纂墓志，僅叙一事。吾祖星岡公之教人，則有八字、三不信。八者曰：考、寶、早、掃、書、蔬、魚、猪。三者：曰僧巫，曰地仙，曰醫藥，皆不信也。處茲亂世，銀錢愈少，則愈可免禍；用度愈省，則愈可養福。（咸豐十一年三月十三日）

諭紀澤紀鴻（節選）

字諭紀鴻、紀澤兒：今日專人送家信，甫經成行，又接王輝四等帶來四月初十之信，爾與澄叔各一件。借悉一切。

爾近來寫字，總失之薄弱，骨力不堅勁，墨氣不丰腴，與爾身體向來輕字之弊正是一路毛病。爾當用油紙摹顔字之《郭家廟》、柳字之《琅琊碑》《玄秘塔》，以藥其病。日日留心，專從厚重二字上用工，否則字質太薄，即體質亦困之更輕矣。人之氣質由于天生，本難改變，惟讀書則可變化氣質。古之精相法（者），并言讀書可以變换骨相。欲求變之之法，總須先立堅卓之志。即以余生平言之，三十歲前最好吃烟，片刻不離。至道光壬寅十一月廿一日，立志戒烟，至今不再吃。四十六歲以前作事無恒，近五年深以爲戒，現在大小事均尚有恒。即此二端，可見無事不可變也。爾

于厚重二字，須立志變改，古稱金丹換骨，余謂立志即丹也。滿叔四信偶忘送，故特由騆補發。此囑。（同治元年四月二十四日）

致澄弟（節選）

余蒙先人餘蔭忝居高位，與諸弟及子侄諄諄愼守者但有二語，曰『有福不可享盡，有勢不可使盡』而已。福不多享，故總以儉字爲主，少用僕俾，少花銀錢，自然惜福矣。勢不多使，則少管閑事，少斷是非，無感者亦無怕者，自然悠久矣。（同治三年六月初四日）

諭紀瑞（節選）

吾家纍世以來，孝弟勤儉。輔臣公以上吾不及見，竟希公、星岡公皆未明即起，竟日無片刻暇逸。竟希公少時在陳氏宗祠讀書，正月上學，輔臣公給錢一百，爲零用之需。五月歸時，僅用去一文，尚餘九十八文還其父。其儉如此。星岡公當孫入翰林之後，猶親自種菜收糞。吾父竹亭公之勤儉，則爾等所及見也。今家中境地雖漸寬裕，侄與諸昆弟切不可忘却先世之艱難，有福不可享盡，有勢不可使盡。勤字工夫，第一貴早起，第二貴有恒。儉字工夫，第一莫着華麗衣服，第二莫多用僕婢雇工。凡將相無種，聖賢豪傑亦無種，只要人肯立志，都可以做得到的。侄等處最順之境，當最富之年，明年又從最賢之師，但須立定志向，何事不可成？何人不可作？願吾侄早勉之也。（同治二年十二月十四日）

諭紀澤紀鴻（節選）

吾家門第鼎盛，而居家規模禮節總未認真講求。歷觀古來世家久長者，男子須講求耕讀二事，婦女須講求紡績酒食二事。《斯干》之詩，言帝王居室之事，而女子重在酒食是議〔一〕。《家人》卦以一爻爲主，重在中饋〔二〕。《内則》一篇〔三〕，言酒食者居半。故吾屢教兒婦諸女親主中饋，後輩視之若不要緊。此後還鄉居家，婦女縱不能精于烹調，必須常至厨房，必須講求作酒作醯醢〔四〕小菜换茶之類。爾等亦須留心于蒔蔬養魚，此一家興旺氣象，斷不可忽。紡績雖不能多，亦不可間斷。大房唱之，四房皆和之，家風自厚矣。至囑至囑。（同治五年六月二十六日）

【注释】〔一〕《詩·小雅·斯干》：『無非無儀，酒食是議。』謂婦女的職責就是管好全家飲食。

〔二〕饋（音軌）：指家中飲食之事。
〔三〕《禮記》中的一篇，詳述女子侍奉公婆之事。
〔四〕醯醢：指腌製的醬菜。醯（音希）：醋；醢（音海）：魚肉醬。

致歐陽夫人（節選）

余亦不願久居此官，不欲再接家眷東來。夫人率兒婦輩在家，須事事立個一定章程。居官不過偶然之事，居家乃是長久之計。能從勤儉耕讀上做出好規模，雖一旦罷官，尚不失爲興旺氣象。若貪圖衙門之熱鬧，不立家鄉之基業，則罷官之後，便覺氣象蕭索。凡有盛必有衰，不可不預爲之計。望夫人教訓兒孫婦女，常常作家中無官之想，時時有謙恭省檢之意，則福澤悠久，余心大慰矣。（同治六年五月初五日午刻）

左宗棠

簡介 左宗棠（一八一二—一八八五），字季高，湖南湘陰人。道光舉人，歷任浙江巡撫、閩浙總督等職。清末洋務派領袖之一。本篇選自《左宗棠全集》，作者分析了兩個兒子的不足之處，指出無論讀書做人，都應先立下志向，且要堅定持久。

與孝威、孝寬

孝威、孝寬知之：我于廿八日開船，是夜泊三汊磯，廿九日泊湘陰縣城外，三十日即過湖抵岳州。南風甚正，舟行順速，可毋念也。我此次北行，非其素志。爾等雖小，當亦略知一二。世局如何，家事如何，均不必爲爾等言之。惟刻難忘者，爾等近年讀書無甚進境，氣質毫未變化。恐日復一日，將求爲尋常子弟不可得，空負我一片期望之心耳。夜間思及，輒不成眠。今復爲爾等言之。爾等能領受與否，我不能强，然固不能已于言也。

讀書要目到、口到、心到。爾讀書不看清字畫偏旁，不辨明句讀，不記清首尾，是目不到也。喉、舌、唇、牙、齒五音，并不清晰伶俐，蒙笼含糊，聽不明白，或多幾字，或少幾字，只圖混過就是，是口不到也。經傳精義奥旨，初學固不能通，至于大略粗解原易明白，稍肯用心體會，一字求一字下落，一句求一句道理，一事求一事原委，虚字審其神氣，實字測其義理，自然漸有所悟。一時思索不得，即請先生解説，一時尚未融釋，即將上下文或别章别部義理相近者反復推尋，務期瞭然于心，瞭然于口，始可放手。總要將此心運在字裏行間，時復思繹，乃爲心到。

今爾等讀書總是混過日子，身在案前，耳目不知用到何處，心中胡思亂想，全無收斂歸着之時。悠悠忽忽，日復一日，好似讀書是答應人家工夫，是欺哄人家、掩飾人家耳目的勾當。昨日所不知不能者，今日仍是不知不能；去年所不知不能者，今年仍是不知不能。孝威今年十五，孝寬今年十四，轉眼就長大成人矣。從前所知所能者，究竟能比鄉村子弟之佳者否？試自忖之。

讀書做人，先要立志。想古來聖賢豪傑是我這般年紀時是何氣象？是何學問？是何才幹？我現在那一件可以比他？想父母送我讀書、延師訓課是何志願？是何意思？我那一件可以對父母？看同時一輩人，父母常背後誇贊者是何好樣？斥詈者是何壞樣？好樣要學，壞樣斷不可學。心中要想個明白，立定主意，念念要學好，事事要學好，自己壞樣一概猛省猛改，斷不許少有回護，斷不可因循苟且。務期與古時聖賢豪傑少時志氣一般，方可慰父母之心，免被他人恥笑。志患不立，尤患不堅。偶然聽一段好話，聽一件好事，亦知歆動羨慕，當時亦説我要與他一樣。不過幾日幾時，此念就不知如何銷歇去了。此是爾志不堅，還由不能立志之故。如果一心向上，有何事業不能做成？陶桓公有云：『大禹惜寸陰，吾輩當惜分陰。』古人用心之勤如此。韓文公云：『業精于勤而荒于嬉。』凡事皆然，不僅讀書。而讀書更要勤苦，何也？百工技藝、醫學、農學，均是一件事，道理尚易通曉。至吾儒讀書，天地民物，莫非己任。宇宙古今事理，均須融澈于心，然後施爲有本。人生讀書之日最是難得，爾等有成與否，就在此數年上見分曉。若仍如從前悠忽過日，再數年依然故我，還能冒讀書名色、充讀書人否？思之，思之。

孝威氣質輕浮，心思不能沉下。年逾成童而童心未化，視聽言動，無非一种輕揚浮躁之氣。屢經諭責，毫不知改。孝寬氣質昏惰，外蠢内傲，又貪嬉戲，毫無一點好處〔可取〕。開卷便昏昏欲睡，全不提醒振作。一至偷閑玩〔惡〕〔耍〕，便覺分外精神。年已十四，而詩文不知何物，字畫又醜劣不堪。見人好處，不知自愧，真不知將來作何等人物！我在家時常訓督，未見悛改。今我出門，想起爾等頑鈍不成材料光景，心中片刻不能放下。爾等如有人心，想爾父此段苦心，亦知自愧自恨，求痛改前非以慰我否？

親朋中子弟佳者頗少。我不在家，爾等在塾讀書，不必應酬交接，外受傅訓，入奉母儀可也。讀書用功，最要專一，無間斷。今年以我北行之故，親朋子侄來家送我；先生又以送考耽誤工課，閏二月初三、四始能上館。所謂一年之計在於春者，又去月餘矣！若夏秋有科考，則忙忙碌祿又過一年，如何是好？今特諭爾：自二月初一日起，將每日工課按月各寫一小本寄京一次，使我查閲。如先生是日未在館，亦即注明，使我知之。屋前街道、屋後菜園，不准擅出行走。如奉母命出外，亦須速出速歸。出必告，反必面，斷不可任意往來。同學之友，如果誠實發憤，無妄言妄動，固宜引爲同類。倘或不然，則同齋割席〔一〕，勿與親昵爲要。家中書籍勿輕易借人，恐有損失；如必須借看者，每借去，則粘一條于書架，注明某日某人借去某書，以便隨時問取。庚申正月三十日。

【注释】

〔一〕割席：指朋友之間因志向不同而絶交。

張之洞

簡介 張之洞（一八三七—一九〇九），字香濤，直隸人。同治進士，歷任內閣學士，山西巡撫，兩廣、兩江總督，軍機大臣等職，清末洋務派重臣，舉辦新政，宣導西學。本篇選自《張之洞家書》，作者督導去日本學習的兒子，要用功上進，早日成材，同時又重視思想品德的教育，要求兒子『勿憚勞，勿恃貴』。這些對今日家庭條件優越的青年來講，仍然具有教育意義。

與兒子書

吾兒知悉：汝出門去國，已半月餘矣。爲父未嘗一日忘汝。父母愛子，無微不至，其言恨不能一日不離汝，然必令汝出門者，蓋欲汝用功上進，爲後日國家干城[一]之器，有用之才耳。

方今國事擾攘，外寇紛來，邊境屢失，腹地亦危。振興之道，第一即在治國。治國之道不一，而練兵實爲首端。汝自幼即好弄，在書房中，一遇先生外出，即跳擲嬉笑，無所不爲。今幸科舉早廢，否則汝亦終以一秀才老其身，决不能折桂探杏，爲金馬玉堂中人物也。故學校肇開，即送汝入校。當時諸前輩猶多不以然，然余固深知汝之性情，知决非科甲中人，故排萬難以送汝入校，果也除體操外，絕無寸進。

余少年登科，自負清流，而汝若此，真令余憤愧欲死。然世事多艱，習武亦佳，因送汝東渡，入日本士官學校肄業，不與汝之性情相違。汝今既入此，應努力上進，盡得其奧。勿憚勞，勿恃貴，勇猛剛毅，務必養成一軍人資格。汝之前途，正亦未有限量。國家正在用武之秋，汝只患不能自立，勿患人之不已知。志之志之，勿忘勿忘。

抑余又有誡汝者，汝隨余在兩湖，固總督大人之貴介子也，無人不恭待汝。今則去國萬里矣，汝平日所挾以傲人者，將不復可挾，萬一不幸肇禍，反足貽堂上以憂。汝此後當自視爲貧民，爲賤卒，苦身戮力，以從事於所學。不特得學問上之益，且可藉是磨練身心，即後日得余之庇，畢業而後，得一官一

張之洞書法

職，亦可深知在下者之苦，而不致予智自雄。余五旬外之人也，服官一品，名滿天下，然猶兢兢也，常自恐懼，不敢放恣。

汝隨余久，當必親炙之，勿自以爲貴介子弟，而漫不經心，此則非余所望於爾也，汝其慎之。寒暖更宜自己留意，尤戒有狹邪賭博等行爲，即幸不被人知悉，亦耗費精神，拋荒學業。萬一被人發覺，甚或爲日本官吏拘捕，則余之面目，將何所在？汝固不足惜，而余則何如？更宜力除。至囑，至囑！

余身體甚佳，家中大小，亦均平安，不必系念。汝盡心求學，勿妄外騖。汝苟竿頭日上，余亦心廣體胖矣。父濤示。五月十九日。

【注釋】

〔一〕干：盾。干城即指保衛國家、禦敵立功。